U0183112

基于专利分析的高端轴承制造技术 发展态势研究

方 红 陈 登 王 衍 施颖佳 著

科学技术文献出版社
SCIENTIFIC AND TECHNICAL DOCUMENTATION PRESS

·北京·

图书在版编目（CIP）数据

基于专利分析的高端轴承制造技术发展态势研究 / 方红等著. — 北京 : 科学技术文献出版社，2021.11（2022.9重印）

ISBN 978-7-5189-8783-2

Ⅰ.①基…　Ⅱ.①方…　Ⅲ.①轴承—制造—专利—研究　Ⅳ.①TH133.3 ② G306

中国版本图书馆 CIP 数据核字（2021）第 252464 号

基于专利分析的高端轴承制造技术发展态势研究

策划编辑：周国臻　　责任编辑：李　鑫　　责任校对：文　浩　　责任出版：张志平

出　版　者	科学技术文献出版社	
地　　　址	北京市复兴路15号　　邮编　100038	
编　务　部	（010）58882938，58882087（传真）	
发　行　部	（010）58882868，58882870（传真）	
邮　购　部	（010）58882873	
官方网址	www.stdp.com.cn	
发　行　者	科学技术文献出版社发行　全国各地新华书店经销	
印　刷　者	北京虎彩文化传播有限公司	
版　　　次	2021 年 11 月第 1 版　2022 年 9 月第 2 次印刷	
开　　　本	710×1000　1/16	
字　　　数	140千	
印　　　张	9	
书　　　号	ISBN 978-7-5189-8783-2	
定　　　价	68.00元	

Foreword ▼ 前 言

高端轴承是高端装备的基础。高端轴承是指高性能、高可靠性、高技术含量，能够满足高端装备或武器装备等极端工况和特殊要求的轴承。高端轴承应用领域主要包括航空、航天、高速铁路、精密机床、风力发电、高档汽车等。近年来，我国高端装备制造业水平大幅提升，风力发电机组、盾构机均已国产化，高铁等高端装备已走在世界前列，运20大型运输机已成功列装，C919大型客机已获850多架订单，但这些高端装备与航空轴承基本依赖进口，主要被国际八家大型轴承公司所垄断。高端轴承已成为制约我国高端装备发展的瓶颈。加强高端轴承研发、突破关键核心技术，对推动我国高端装备产业发展意义重大。

本书采用专利分析、文献计量、座谈会、实地调研等方法，在对国内外高端轴承制造技术发展现状调研的基础上，介绍了国内外主要高端轴承企业及其产品，着重从专利角度，开展数据挖掘与分析，通过对国内外高端轴承技术与企业的专利分析研究，系统地揭示了国内外高端轴承制造技术发展现状、发展模式、重点发展技术领域及发展趋势，并针对我国高端轴承制造技术发展现状，提出我国高端轴承发展总体思路、发展目标、重点发展产品及重点发展技术。

全书共分5个部分，第一部分对高端轴承国内外发展现状做了概述，并分析了国内高端轴承发展的政策环境及发展存在的主要问题；第二部分介绍了国内外主要高端轴承企业及其产品，选取了国际八大轴承公司、国内 5 家企业；第三部分主要采用专利分析法，对国内外高端轴承专利展开分析；第四部分着重对国内外高端轴承企业的专利展开具体分析；第五部分对我国发展高端轴承提出了相关对策建议。

本书的完成得到了浙江省机电设计研究院有限公司、浙江省机电产品质量检测所轴承检测中心教授级高工陈芳华主任的指导和支持，在此表示衷心的感谢。

由于轴承技术的专业性，限于作者水平所限，书中难免存在疏漏、偏差甚至错误，希望各位专家和读者不吝批评指正！

方　红

2021.9.13 于浙江杭州西子湖畔

Contens ▼ 目 录

基于专利分析的高端轴承制造技术发展态势研究

第1章 高端轴承发展概述

轴承是机械工业的关键基础零部件，被喻为工业的粮食。轴承工业是国家基础性战略产业。高端轴承是指高性能、高可靠性、高技术含量，能够满足高端装备或武器装备等极端工况与特殊要求的轴承。高端轴承是高端装备的基础，直接决定着重大装备和主机产品的性能、水平、质量和可靠性。发展高端装备制造业是顺应全球技术革命和新兴产业发展大势，增强创新驱动，加快推动经济转型和产业升级的需要。高端轴承作为装备制造业发展的重点，在全球经济发展中占有重要地位，其应用领域主要包括航空、航天、高速铁路、机器人、精密机床、高档汽车、风力发电等。

1.1 全球高端轴承产业现状

世界轴承工业兴起于 19 世纪末期到 20 世纪初期。1880 年，英国开始生产轴承；1883 年德国建立了世界上首家轴承公司——乔治沙佛（FAG）；1889 年，美国建立了铁姆肯公司（TIMKEN）；1907 年，瑞典成立了斯凯孚（SKF）。日本轴承工业形成于欧美之后，先后于 1914 年和 1918 年建立了日本精工株式会社（NSK）、日本恩梯恩（NTN）等轴承公司。第三世界国家的轴承工业则起步很晚，处于相对落后的局面。

目前，在全球范围内，轴承行业经过多年产业竞争后，形成集中在瑞典、德国、日本和美国 4 个国家的八大轴承企业垄断竞争的态势。世界八大轴承企业包括瑞典斯凯孚（SKF）、德国舍弗勒（Schaeffler）、美国铁姆肯（TIMKEN）、日本捷太格特（JTEKT）、日本美蓓亚（NMB）、日本精工株式会社（NSK）、日本恩梯恩（NTN）和日本不二越株式会社（NACHI），八大轴承企业国际高端轴承市场的占有率合计达到 80% 以上，高端轴承市场几乎被上述八大轴承企业所垄断。上述八大轴承企业拥有一流的科技人才、一流的加工设备和一流的制造技术，引领着世界轴承的发展方向。近年来，八大轴承企业纷纷向海外特别是向新兴工业国家扩张，企业规模日益扩大，生产结构日趋合理，按品种类型、尺寸段、零件以至加工工序组织专业生产，形成了按专业分工、规模生产、各自发挥优势的协作网络；另外，八大轴承公司不断扩大经营范围，延伸技术产业链，拓展技术领域，为客户提供单元型、组件型、甚至整个轴承的解决方案，高新技术产品不断问世。

经过 100 多年的发展，轴承已广泛应用于工业、农业、交通运输、国防、航空航天、家用电器、办公设备等领域，与国计民生息息相关。全世界已生产轴承品种 5 万种以上，规格多达 15 万种以上。现有最小的轴承内径达到 0.15 mm、重 0.003 g，最大的轴承外径达 40 m、重 340 t。相关数据显示，轴承产业空间广阔，产业向高端转移趋势明显，全球轴承产业现存市场份额约 500 亿美元，其中亚洲占 45%，欧洲占 28%，美洲占 25%。亚洲轴承市场主要集中在日本、中国和印度，其中日本是业内公认的轴承制造强国，世界八大轴承企业日本占据 5 家。

国际上轴承的整体技术水平，在近 30 年来取得了令人瞩目的进步。高精度、高转速、高可靠性、长寿命、免维护，以及标准化、单元化、通用化已成为轴承的基本技术标志。在轴承基础技术进步、通用产品结构改进、专用轴承单元化和陶瓷轴承开发等方面取得了显著成效。

（1）轴承基础理论水平

轴承基础理论主要指与轴承寿命、额定载荷和极限转速等有关的理论。1980—1998 年，Ioanndeshe 和 Harris 等提出了接触疲劳极限寿命理论，使轴承寿命计算方法不断完善。额定静载荷最新理论给出了允许轴承发生相当于 1/10 000（万分之一）滚动体直径的永久变形下所对应的各类轴承的最大滚动接触应力；轴承极限转速的研究提出了极限转速的定义、限定范围与使用条件。

（2）轴承设计技术水平

轴承设计理论有了很大发展，先后提出和应用了有限差分法、有限元法、动力学及拟动力学、弹性流体动力润滑理论等，与此相适应，计算机辅助设计已在各国轴承设计计算中得到广泛应用。轴承内部结构改进，主要包括减小套圈壁厚、加大滚动体直径与长度、采用对数母线凸度滚子、改变保持架结构与参数、改变引导方式、增加轴承内密封改善挡边接触等。

（3）轴承产品技术水平

当今轴承产品的发展具有5个显著特征：①坚持标准化、系列化、通用化；②向轻量化、功能组件化、单元化及智能化方向发展；③产品向高速、高载、高精密、高可靠性、低摩擦、低振动及低噪声方向发展；④采用和发展了计算机辅助设计（CAD）、计算机辅助制造（CAM）及计算机集成制造系统（CIMS）/信息管理系统（IMS）技术；⑤采用现代高新技术，如新钢种、新合金、新型工程陶瓷材料、特殊表面改性技术及新的组合设计结构等。

（4）轴承制造工艺及工艺装备水平

在工业发达国家，批量较大的标准轴承采用高效、高精度的自动化设备加工制造，对于批量更大的则组织自动化生产线、自动化车间甚至自动化工厂进行生产。热处理：根据对尺寸稳定性要求控制残奥含量；根据冲击性能要求进行差异定量控制；设计合理硬度及匹配（套圈、滚动体具有不完全相同的高硬度）；为获得长寿命，研究晶粒细化对无氧化热处理工艺过程的要求；为提高材料的冲击韧性，发展了贝氏体淬火工艺。此外，表面工程技术也得到广泛应用，如激光表面冲击强化、离子注入等。在机械加工方面，向高精度、大批量、标准化生产、优质、高效及低耗方向发展，大量采用复合工序和自动化生产线。套圈锻造采用精化、半精化工艺和装备，如高速镦锻机、多工位压力机和冷辗机，以提高材料利用率，减少切削余量，并降低后工序加工成本。磨加工以高速、高效为发展方向，同时大力开发磨削 - 超精自动化生产线，应用CBN砂轮磨削、自适应磨削、在线测量和故障自动诊断等新技术，并配以轴承自动装配生产线，确保生产率，稳定产品质量。纳米级轴承加工与测量技术已取得进展，目前已能够进行原材料O、N、H等微量元素的检测，残奥检测及残余应力的检测，自动化生产线加工过程在线检测的闭环控制系统，高精度测量技术及误差补偿技术等不断发展。轴承检测仪器向着网络化、智能化、虚拟化和纳米化方向发展，高精度的纳米圆度测量仪、工业CT无损检测技术和激光技术也在轴承行业得到应用。

1.2 国内高端轴承产业现状

1.2.1 概况

中国轴承产业起步较晚，经过 60 多年特别是近 30 年来的不断发展，在轴承产品的类型、品种和规格上，得到了较好的发展。目前，我国轴承工业已经具备了较强的技术和生产能力，形成了产品布局基本合理，大、中、小企业并举，各种所有制经济共同发展，产品种类较为齐全的完整工业体系。2019 年全国轴承产业产值 1770 亿元，轴承产量为 196 亿套，规模以上企业约 1300 家，从业人员 35 万多人，能够生产小至内径 0.6 mm，大至外径 12.37 m，9 万多个品种规格的各种类型轴承，我国已是世界轴承生产大国，但还不是世界轴承强国，产业结构、研发能力、技术水平、产品质量、效率效益等方面与国际先进水平尚有较大差距。国内轴承产品已进入中端主机应用领域，但尚未批量进入高端主机市场，尤其是高端主机的高端部件领域。

我国轴承产业"十五"（2001—2005 年）期间，全行业主营业务收入年均递增 16.72%；"十一五"（2006—2010 年）期间，全行业主营业务年均递增 19.36%；"十二五"（2011—2015 年）期间，全行业增速趋缓，主营业务收入年均增长率降为 4.46%，其中，2012 年、2015 年出现负增长。进入"十三五"，2016 年全行业恢复性增长，主营业务收入由 2015 年负增长（−5%）转为正增长（4%）。2017 年全行业发展稳中向好，主营业务收入增长 10.2%。2018 年全行业增长速度趋缓，正增长 3.36%。2019 年又出现负增长（−4.22%）。随着主机行业经济下行的压力越来越大，对轴承的需求增长趋缓。近年来，有的主机行业需求锐减，致使我国轴承行业主营业务收入年均递增率大幅下降。今后相当长一段时间，中速增长将成为常态。

中国轴承行业主要集中在瓦房店、洛阳、苏南、浙东、聊城五大区域，基本形成五大轴承产业聚集地，国有轴承企业主要以瓦轴集团、洛轴为代表，承担着较多的工业强基工程项目。民营轴承企业不断进入轴承制造行业，并逐渐发展壮大，已经成为中国轴承行业的主力军，主要以人本集团、万向集团和浙江天马轴承集团为代表，其制造设备精度已进入世界先进行列，亦逐步参与到与轴承行业高端轴承研发的重点计划项目中，开启自动研发的步伐。外资品牌轴承企业也占据着国内轴承市场的重要一部分，全球八大轴承企业均已在中国设立公司，并不断继续加大在华投资力度。外资品牌轴承企业进入中国通常采取"合资→控股→独资→扩张产能和研发能力"的路线，目前八大轴承企业在中国建立了60多家轴承生产工厂，并在中国设立区域总部和工程技术中心，主要瞄准中国的中高端轴承市场。

1.2.2　高端轴承发展政策分析

（1）轴承行业监管体制分析

高端轴承隶属轴承制造行业。根据中国《国民经济行业分类》（GB/T 4754—2017）的行业分类标准，高端轴承所处行业属于"通用设备制造业"（分类代码：C34）中的"滚动轴承制造和滑动轴承制造"（代码C3451和C3452）；按中国证监会发布的《上市公司行业分类指引（2012年修订）》，高端轴承应属于"通用设备制造业"（分类代码：C34）。

轴承行业归属机械工业行业，属于市场化竞争性行业。政府职能部门通过颁布相关法律法规和产业政策进行宏观调控，相关行业协会进行自律管理，各企业面向市场自主经营，已实现市场化竞争。

2008年7月之前，国家对机械工业行业的宏观调控主要通过国家发展和改革委员会下设的产业政策司来实施；2008年7月起，原先由国家发展和改革委员会行使的工业行业管理和信息化有关职责划给工业和信息化部。其主要职责是研究分析产业发展情况，组织拟订产业政策，提出优化产业结构、所有制结构和企业组织结构的政策建议，监督产业政策落实情况。

目前，中国机械工业联合会承担了机械工业行业的自律管理和服务职能。中国轴承工业协会是中国机械工业联合会对轴承行业的代管协会，成立于1988年，是以轴承及其零部件生产企业为主，包括研究所、设计院、高校、相关行业企业及事业单位自愿参加组成的不受地区、部门隶属关系和所有制限制的全国性行业组织，经国家民政部批准，具有社会团体法人资格。国家非常重视高端轴承发展，科技部和工业和信息化部几乎每年都有高端轴承研发类的科研项目推出，近年力度明显增大。

（2）高端轴承行业相关政策分析

为促进中国高端轴承制造业的快速发展，中国政府与行业组织制定了行业相关的产业政策和行业规划，明确了高端轴承制造业的发展方向和产业扶持政策。其中，主要的产业政策及行业发展规划如表1-1所示。

表 1-1 中国高端轴承行业主要产业政策及行业发展规划

序号	政策名称	主要内容
1	国家中长期科学和技术发展规划纲要（2006—2020 年）	重点研究开发重大装备所需的关键基础件和通用部件的设计、制造和批量生产的关键技术，开发大型及特殊零部件成形及加工技术、通用零部件设计制造技术和高精度检测仪器
2	关于加快振兴装备制造业的若干意见	提出以装备制造业振兴为契机，带动相关产业协调发展；鼓励重大装备制造企业集团在集中力量加强关键技术开发和系统集成的同时，通过市场化的外包分工和社会化协作，带动配套及零部件生产的中小企业向"专、精、特"方向发展，形成若干各有特色、重点突出的产业链；有计划、有重点地研究开发重大技术装备所需的关键共性制造技术、关键原材料及零部件，逐步提高装备的自主制造比例
3	装备制造业调整和振兴规划	提出"坚持发展整机与提高基础配套水平相结合"的基本原则和"基础件制造水平得到提高，通用零部件基本满足国内市场需求，关键自动化测控部件填补国内空白，特种原材料实现重点突破"的发展目标，明确产业调整和振兴的重点之一是提升大型铸锻件、基础部件、加工辅具和特种原材料四大配套产品的制造水平，夯实产业发展基础，并针对大型铸锻件、基础部件、加工辅具、特种原材料等四大配套产品，提出了重点发展方向
4	机械基础零部件产业振兴实施方案	提出要"突破一批基础零部件制造关键技术，产品技术达到 21 世纪初国际先进水平；研发一批关键基础零部件，掌握一批拥有自主知识产权的核心技术，重大装备基础零部件配套能力提高到 70% 以上；调整产业和产品结构，发展一批高附加值产品，培育一批具有国际竞争力的专业化强的基础零部件企业及知名品牌；加大技术改造支持力度，着重加强工艺装备及检测能力建设，创建若干行业技术服务平台，完善技术创新体系，夯实技术创新基础"。该方案将轴承列为中国机械基础零部件领域重点扶持发展的首位，并结合中国轴承行业国产化替代需求突出的领域明确了产品重点发展方向
5	"十二五"机械工业发展总体规划	规划指出，"十二五"期间，机械工业必须千方百计地强化基础件、基础技术、基础工艺等机械工业的共性基础领域，将关键基础产品列入 5 个重点主攻领域之一，主要包括大型及精密铸锻件、关键基础零部件、加工辅具和特种优质专用材料

（续表）

序号	政策名称	主要内容
6	机械基础件、基础制造工艺和基础材料产业"十二五"发展规划	该规划在总结分析机械基础件、基础制造工艺和基础材料产业发展现状的基础上，明确了"十二五"的发展目标和思路，确定了产业发展重点及主要任务，并提出了相关保障措施。规划的实施，将进一步提升中国机械基础件、基础制造工艺和基础材料产业整体发展水平和国际竞争力。该规划在有关机械基础件产业发展的各项规定中，都将轴承列在首位，体现了国家对轴承产业在发展国民经济中的重要地位和作用的充分肯定
7	工业转型升级投资指南	依据相关产业政策，从投资角度对工业转型升级规划及相关行业规划、专项规划提出的主要任务和发展重点进行了细化，明确了"十二五"时期工业投资的重点和方向。该指南将中、高档数控机床轴承和电主轴、大功率风力发电机组轴承、大型运输机轴承、重载直升机轴承、长寿命高可靠性汽车轴承及轴承单元、高速度长寿命纺织设备轴承、超精密级医疗器械主轴承等高速、精密、重载轴列入机械基础件行业转型升级投资的目录
8	重大技术装备自主创新指导目录（2012年版）	将轨道交通设备轴承、大型精密高速数控机床轴承、大型薄板冷热连轧及涂镀层设备轴承、大功率工程机械主轴承、中高档轿车轴承、超精密级医疗机械轴承等关键基础零部件列入该指导目录。上述关键基础零部件可优先列入政府有关科技及产品开发计划，优先给予产业化融资支持，享受国家关于鼓励使用首台（套）政策；产品开发成功后，经认定为国家自主创新产品的，优先纳入《政府采购自主创新产品目录》，享受政府采购政策支持
9	中国制造2025	开发一批精密、高速、高效、柔性数控机床与基础制造装备及集成制造系统。加快高档数控机床、增材制造等前沿技术和装备的研发。以提升可靠性、精度保持性为重点，开发高档数控系统、伺服电机、轴承、光栅等主要功能部件及关键应用软件，加快实现产业化
10	全国轴承行业"十三五"发展规划	以《中国制造2025》为纲领，贯彻创新驱动战略方针，主动适应新常态，引领新常态。加强供给侧结构性改革，着力转变发展方式，调整产业结构，推行绿色制造，实现转型升级，打造由核心能力、核心技术、核心产品构成的核心竞争力，加快建设世界轴承强国步伐。在我国工业和制造业由大到强的战略转变中率先取得突破，为我国工业强基做出突出贡献

（续表）

序号	政策名称	主要内容
11	产业结构调整指导目录（2019年本）	有关轴承的内容将"时速200公里以上动车组轴承，轴重23吨及以上大轴重重载铁路货车轴承，大功率电力 / 内燃机车轴承，使用寿命240万公里以上的新型城市轨道交通轴承，使用寿命25万公里以上轻量化、低摩擦力矩汽车轴承及单元，耐高温（400℃以上）汽车涡轮、机械增压器轴承，P4级、P2级数控机床轴承，2兆瓦（MW）及以上风电机组用各类精密轴承，使用寿命大于5000小时盾构机等大型施25工机械轴承，P5级、P4级高速精密冶金轧机轴承，飞机发动机轴承及其他航空轴承，医疗CT机轴承，深井超深井石油钻机轴承，海洋工程轴承，电动汽车驱动电机系统高速轴承（转速≥1.2万r/min），工业机器人RV减速机谐波减速机轴承，以及上述轴承的零件"列入了鼓励类项目，为轴承行业在转型升级中提高产业高附加值化和产业高技术化提供良好的契机
12	全国轴承行业"十四五"发展规划	开发为战略性新兴产业和制造强国战略重点发展领域配套的高端轴承，包括高档数控机床和机器人、航天航空装备、海洋工程装备及高技术船舶、节能与新能源汽车、先进轨道交通装备、电力装备、生物医药及高性能医疗器械、农业机械装备、大型冶金矿山装备、大型施工机械、大型石油、石化及煤化工成套设备、新型轻工机械等领域的72种高端轴承。民用航空发动机主轴轴承、高速动车组轴承、高档数控机床轴承、盾构机主轴轴承、工业机器人轴承、城市轨道交通轴承、新型医疗器械轴承、大功率风力发电机组轴承等的自主化取得重大突破。 完成国家重点研发计划"制造基础技术与关键部件"重点专项15项。 促进信息化（数字化 + 网络化）和精益生产基础比较好的优势企业建设智能工厂 / 数字化车间

1.2.3 高端轴承发展存在的主要问题

虽然中国高端轴承行业近年来取得了一定的发展，抢占了一定的中高端市场，但高端轴承发展上仍存在不少问题需要进一步解决。

（1）高端轴承材料应用基础研究不足

对大部分中高端轴承产品来说，目前国内外的主要质量差距在于寿命可靠性和精度保持性。存在这两个差距的主要原因在于高端轴承专用钢和高端轴承热加工设备研发成果不足。国内，轴承钢的基础研究不足，致使高端轴承钢的技术质量水平与国际先进水平差距较大；轴承钢的应用基础研究不足，致使轴承零件热处理装备及工艺与国家先进水平尚存差距。高端轴承材料还包括合金材料、工程塑料材料和润滑材料，这些材料与国外的差距更大，其研发均离不开轴承材料和材料应用的基础研究。擅长基础研究的是科研院所和大专院校，深知轴承应用所需性能的是主机厂，所以产学研用相结合是高端轴承发展的优选方式。

（2）高端轴承滚动体制造技术不过关

陶瓷粉原材料不过关和陶瓷烧结技术不过关是目前高端陶瓷轴承制造的主要技术瓶颈之一；高端精密滚子制造技术不过关是目前高端滚子轴承制造的主要瓶颈之一。高端陶瓷粉原材料目前国内尚处于空白状态；陶瓷烧烤技术与国外先进水平差距较大，严重影响轴承的承载能力；国产化的高端精密滚子制造装备目前尚处研制中，精密滚子的形状与尺寸一致性与国外先进水平差距较大，无法满足高端精密滚子轴承制造的要求。这些关键技术和装备的突破是高端轴承制造与发展的关键之一。

（3）高端轴承试验验证技术与手段不足

高端轴承一般使用在高端装备上，高端轴承装机前一般需要通过台架模拟试验验证。台架模拟试验技术和试验设备是我国轴承行业最薄弱的环节之一，"十三五"规划已将其作为我国轴承行业的第一短板提出，目前虽有进步，但仍然无法满足高端轴承研发的需要。试验设备诸如高铁的轴向轴承、抱轴箱轴承、牵引电机轴承的台架模拟试验机均不成熟，风电主轴轴承模拟试验台架尚处空白状态。试验技术的关键是工况载荷谱的获取，故验证试验技术的突破应联合主机设计方和使用方共同进行。

（4）研发投入严重不足

高端轴承的研发需要持续的大量投入，包括研发人才和研发软硬件等，且研发周期长、投入大。如前所述在高端轴承制造上，无论是软实力还是硬实力均存在不足，与国外先进制造企业还存在较大差距，但总体评估，软实力的差距要大于硬实力的差距，故在高端轴承研发及发展过程中，机制的创新也是不能忽略的一方面，要引进、培养人才，还要有一套留住人才的机制。

第2章　国内外主要高端轴承企业与产品

2.1　国外企业

2.1.1　斯凯孚（SKF）

斯凯孚总部设立于瑞典哥特堡，1905 年，Sven Wingquist 发明了自动调心双列球轴承，并于 1907 年创立了 Svenska Kullargerfabriken 瑞典滚珠轴承制造公司，目前在全世界有员工 45 000 多名，在全球超过 130 个国家经营业务，拥有约 17 000 个经销网点、140 多个生产基地分部在世界各地、18 个全球研发技术中心。时至今日已经具有 100 多年的历史，该企业主要经营的产品有轴承、轴承安装拆装工具、轴承润滑油脂和润滑工具、轴承和设备状态监测仪器、传动产品、密封产品。行业范围涉及钢铁冶金、煤炭、机械制造、电力、造纸、水泥建材、纺织、石化、港口、轻工、家电、航空航天、农业机械、汽车和轻型卡车、通用机械、机床等。

SKF 是全球轴承业务领域的领衔者。SKF 所提供的标准产品有各类轴承 2 万余种，小者如仅重 0.003 g 的微型轴承，大至每件 34 t 重的巨型轴承。品种包括调心球轴承、调心滚子轴承、深沟球轴承、圆柱滚子轴承、球面滚子轴承、圆锥滚子轴承、角接触球轴承、滚针轴承及其他类型。此外，SKF 也提供一系列的轴承维修工具、油脂及轴承监测仪器，务求令轴承用户获得更高效益，达到无忧运转。

以下是对斯凯孚集团（SKF）轴承产品的简单介绍。

（1）自调心球轴承

自调心球轴承，是 SKF 最早发明的轴承，如今也是其优势产品。自调心球轴承有两列球形滚动体，同时外圈带有一条共用的球面滚道，内圈带有两条深沟型连续无间断滚道。它们可以是开口或密封的（图 2-1）。该类轴承允许轴相较于轴承座出现较大的偏心。例如，由轴挠曲引起的偏心。

该轴承的特点和优势如下。

① 能够适应静态和动态不对中：和球面滚子轴承或 CARB 圆环滚子轴承一样，该类轴承也具有自调心能力。

② 优异的高速性能：与任何其他类型的滚动轴承相比，自调心球轴承产生的摩擦是最低的，即使在高转速下温升也较低。

③ 维护需求最低：该轴承由于产热少所以温度较低，从而延长了轴承使用寿命和维护间隔。

④ 低摩擦：滚动体和外圈之间的间隙配合可降低摩擦和摩擦热量。

⑤ 优异的轻载性能：自调心球轴承具有较低的最小载荷要求。

⑥ 噪声小：自调心球轴承能降低风机的噪声和振动水平等。

图 2-1 自调心球轴承

（2）航空军工轴承

斯凯孚（SKF）在航空航天领域有 100 多年的经验，是世界领先的供应商，提供各种航空航天解决方案，包括用于机体结构、航空发动机和齿轮箱的轴承、密封件、拉杆、撑杆及精密弹性设备。SKF 在航空航天领域有 12 个工厂、3000 多名员工，为客户提供可靠的备件、全套大修服务及用于航空航天应用的高性能合金钢，还提供创新型解决方案。

以航空发动机和齿轮箱轴承为例，这些轴承需要极高的可靠性和精密度公差范围。SKF 航空航天一直以高品质的产品和服务回应这些挑战，是最重要的发动机和齿轮箱轴承制造商。轴承套圈和滚动体所用的钢材采用真空除气或真空熔炼技术制成，所以其洁净度和均质性很高（图 2-2）。在制造轴承部件之前，所有材料必须通过冶金、化学和机械方面的检验。SKF 航空发动机轴承所用材料是在符合精确标准的冶炼炉中，在严密的冶金控制下进行热处理。对航空发动机轴承中常用的耐高温和耐腐蚀钢材进行热处理时，必须采用最先进的真空炉，配用压缩氮气淬火和加力对流加热处理技术。这些真空炉通过最尖端的控制能力，实现最精密的热循环。SKF 航空发动机质量控制人员使用最尖端的表面分析仪确定轴承滚道的平直度和粗糙度，采用电子机械仪器确定孔穴位置等结构特性，采用无损评估技术确定成品轴承部件表层和次表层的缺陷。

图 2-2　航空发动机和齿轮箱轴承

（3）磁浮轴承和系统

图 2-3　磁浮轴承

SKF 磁浮轴承和系统是要求高转速、低振动、低扭矩的应用的理想之选。没有实际接触，无须润滑、修理或更换轴承。低能源消耗、主动管理、重新定位及内置的振动管理系统也是磁浮轴承和系统的优势。SKF 为众多行业的企业供应了 130 000 台磁浮轴承和高速电机。

磁浮轴承如图 2-3 所示，由于磁浮轴承运行时无表面接触，因此，避免了轴承的摩擦和磨损。电磁铁产生径向和轴向力使转轴悬浮，允许转轴无接触旋转。控制系统主动监测并持续调整电磁铁中的电流，以维持转轴的位置。磁性轴承极佳的精度和稳定性使得其与传统轴承相比适用于更多工作场合。

（4）高铁轴承

在高铁的高速运行中不允许有任何出错，这就需要能够承受严酷条件的轴承可靠组件。斯凯孚是一家解决方案和服务提供商，不仅提供高品质的高铁轴承（包括为铁路行业设计轴箱和驱动系统轴承），还提供对轴承运行的状态监测系统（包括提供对轮对轴承、轴箱和转向架状态的监测系统）。该系统可监测出轴承、车轮或轨道的早期损坏，有助于避免代价高昂的故障和延误。为解决车轮与轨道接触产生的磨损风险，以及减少振动和噪声，还提供润滑系统。如此则可以实现更长的维护间隔，避免代价高昂的停机时间，节省成本和时间。

高铁会用到多种轴承单元。以混合陶瓷轴承为例，该轴承适用于极端铁路应用条件的轴承解决方案。在铁路应用中，轴承要承受日益苛刻的工作条件，包括因研磨粉尘、润滑不良或润滑不足和振动而受到污染的风险。电流的通过还会导致标准轴承（轴承钢制成的套圈和滚动体）损坏或过早失效，因机器停机、生产力损失和维护需求增加而造成高昂成本。用于铁路驱动应用（如牵引电机和齿轮箱）的 SKF 混合陶瓷轴承，其开发目的正是提高在极端应用条件下的性能和可靠性（图 2-4）。结合轴承钢制成的套圈及轴承级氮化硅制成的滚动体，这些轴承即使在高频下也可以实现电绝缘。它们还具有出色的耐受不良润滑的能力，并有助于降低工作温度，从而延长润滑脂寿命。SKF 混合陶瓷轴承可与类似尺寸的全钢轴承互换使用，当用于新型或现有工业设备中时，可大幅提高设备可靠性和耐用性。该轴承具有的优势：更长的润滑脂寿命，可延长维修间隔；更低的运行温度，延长使用寿命和维护间隔；降低了摩擦，同时提高了精度，可以节约能源；有益环保的解决方案。

图 2-4　混合陶瓷轴承

2.1.2　日本精工株式会社（NSK）

日本精工株式会社（NSK LTD. 简称 NSK）成立于 1916 年，NSK 开发出无数新型轴承，满足世界各地用户的需求，并为产业发展和技术进步做出了极大贡献。NSK 还利用生产轴承锤炼出的精密加工技术，从很早以前就开始通过向汽车零部件、精密机械产品、电子应用产品等领域的进军，推动多方位的事业拓展。

NSK 于 20 世纪 60 年代初在美国密歇根州安阿伯设立了销售公司，以此为开端，正式迈开建立并运营海外事业网点的步伐。1970 年，在巴西圣保罗市郊外建立了生产基地，其后，又在北美、英国、亚洲各国开辟了新的生产基地。另外，1990 年，NSK 收购了拥有欧洲大轴承厂家 RHP 公司的 UPI 公司，并加快了中国及亚洲地区的事业拓展，特别是针对急速成长的中国市场，建立起能够自主研发到销售、技术服务的全套经营体制。

NSK 轴承涉及领域广泛，包括电机、齿轮装置、机床、矿山机械、工程机械、摩托车、办公室设备、造纸机械、泵及压缩机、冶金、风力发电机等，具体如下。

（1）低噪声、长寿命高速电机轴承

电机轴承是 NSK 主要部分之一。NSK 的电机轴承以其高精密、低噪声的优越性能，雄踞世界高端电机轴承首位（图 2-5）。

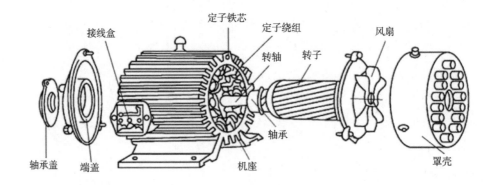

图 2-5　电机结构示意及高速球轴承

电机轴承主要以深沟球轴承为主，大功率电机同时配有圆柱滚子轴承。公司自从 1916 年创立以来，一直将深沟球轴承作为 NSK 的主力产品。这种轴承是电动机用量最大的轴承，且是电机性能好坏的关键零部件。NSK 轴承运用该公司的核心技术，不仅实现高转速、长寿命，低能耗、低噪声也是其特色之一，是世界上电动机静音轴承制造最优的企业。

2021 年 4 月，NSK 开发了电动车驱动电机用高速球轴承（Gen3），可实现 dmN[①] 值高达 180 万以上的高速运转工况。本系列的脂润滑深沟球轴承可

———————

① dmN：轴承节圆径（d_m）和转速（n）的乘积，是轴承的高速性能指标。

实现目前世界上最高的转速[1]，降低电动车能耗，延长续航里程，同时通过驱动电机小型化为扩展车内空间做出了贡献。该轴承主要特点有二：①根据拓扑技术优化设计新形状树脂保持架，利用旨在最大限度减轻重量的设计方法（拓扑优化技术），获得了最适用于高速旋转工况下的保持架形状；②使用NSK开发的抗咬黏性能优异的润滑脂和高刚性树脂保持架材料，该润滑脂可以通过降低搅拌阻力来降低摩擦力矩，并抑制发热，提高抗咬黏性。另外，在高转速工况下高刚性树脂材料的应用可以降低保持架的变形。

（2）高速精密齿轮箱轴承

齿轮轴承由于用量大、要求高，也是NSK轴承的主攻方向之一。其要求具有低噪声、低振动、低发热、轻重量、高刚性、长寿命等性能，包括深沟球轴承、圆锥滚子轴承、圆柱滚子轴承、调心滚子轴承等，应用于诸如可称为风力发电的心脏部分的增速组件、汽车的变速装置（变速器）及摩天轮的减速器等动力传动装置，是诸多产业不可或缺之物。NSK通过提供支持可谓齿轮装置最重要元素即"转动"的轴承，这也同时支撑了整个世界。NSK开发出的"NSKHPS调心滚子轴承"及带有高刚性保持架的"圆柱滚子轴承EM / EW系列"不仅实现了长寿命及高转速，同时，还实现了小型化。

调心滚子轴承是齿轮箱轴承中较为关键的轴承之一。调心滚子轴承结构如图2-6所示，其具有双列滚子，外圈是一个球面滚道，内圈有2条滚道，并相对轴承轴线倾斜成一个角度，具有自动调心功能，不易受轴与轴承箱座角度对误差或轴弯曲的影响，适用于安装误差或轴挠曲而引起角度误差之场合。该轴承除能承受径向负荷外，还能承受一定的双向作用的轴向负荷。

（3）精密机床主轴轴承

NSK开发有机床驱动与支承所需的全套元配件，包括轴承、滚珠丝杆、直线导轨、电主轴等产品。为满足机床主轴所需的高速、高刚性、高精度方面的要求，NSK于1998年推出了ROBUST系列（角接触球轴承、圆柱滚子轴承），其中，超高速角接触球轴承（ROBUST系列）更是支撑机床高性能的高功能系列产品（图2-7）。应用独自的电主轴技术和ROBUST系列产品，NSK于2002年领先同行厂家研制出轴承节圆直径乘转速突破400万dmN大关的电主轴，确立了居于超高速主轴金字塔顶端的地位。

---

[1]　基于NSK对全球行业内主要品牌的数据。

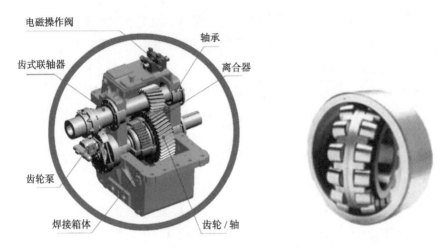

图 2-6　齿轮箱结构示意及调心滚子轴承

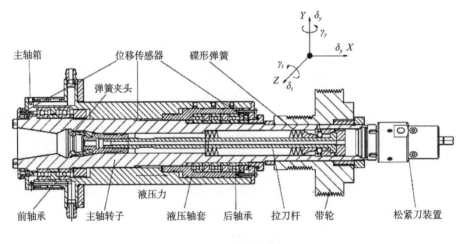

图 2-7　机床主轴结构示意及超高速角接触球轴承

超高速角接触球轴承结构如图 2-7 所示。该轴承可同时承受径向负荷和轴向负荷，能在较高的转速下工作。接触角越大，轴向承载能力越高。接触角为径向平面内球和滚道的接触点连线与轴承轴线的垂直线间的角度。产品主要特点为：①低发热、高转速；②使用耐热与耐摩擦磨损性极佳的SHX材料生产的X型产品，实现了高转速、长寿命；③根据不同用途，确立了不同接触角及滚珠材质规格的强大产品阵容；④带宽幅密封圈，与开型轴承相比，润滑脂寿命增至1.7倍，实现了长寿命。

2.1.3　日本捷太格特（JIEKT）

日本捷太格特（JTEKT）公司的前身，是1921年成立的光洋精工（Koyo）和1941年成立的丰田工机（TOYODA）。

光洋精工（Koyo）成立于1921年，创始人是池田善一郎，1935年改组成为"光洋精工株式会社"，以生产被称为"产业之米"的轴承为基业，经过数十年的发展成为著名的轴承生产企业。20世纪60年代，光洋精工（Koyo）开始进行汽车转向器等零部件的研发和生产，于1988年成功研发出世界首台电动助力转向器（EPS）并实现量产，搭载于铃木微型车Cervo上，自此开启了汽车转向使用电动助力的新时代。

光洋精工（Koyo）和丰田工机（TOYODA）于2006年1月合并，创立捷太格特（JTEKT）。该公司轴承广泛应用于半导体/FPD/高性能薄膜、建设/运输/农业机械、机床、再生能源、炼钢设备、汽车、医疗设备、飞机、有轨电车、办公/家用/娱乐等领域，产品种类多，有深沟球轴承、角接触球轴承、特殊环境用球轴承、推力球轴承、自动调心球轴承、球面滚珠轴承、圆锥滚子轴承、圆柱滚子轴承、滚针轴承等类型。

自1995年第一家中国本地生产工厂成立至今，捷太格特（JTEKT）在华已经走过20多个春秋。目前，捷太格特（JTEKT）在华共设26家现地企业，其中包括1家负责中国地区销售及业务统括的公司、6家轴承生产工厂、8家汽车零部件生产工厂、1家TOYODA机床制造及销售公司、2家科技研发中心和8家集团关联公司，在华员工人数约5500人。

下面简单介绍该公司的部分轴承及其应用领域。

（1）机床轴承

JTEKT机床可以被视为真正的"物造"鼻祖，其中车床和组合加工中心机床最具代表性，公司为这些机床提供多种精密滚动轴承。JTEKT开发的精密滚动轴承广泛应用于主轴、滚珠丝杠支承装置和外围设备，深得客户信任。JTEKT在机床领域的相关轴承产品有深沟球轴承、角接触球轴承、圆柱滚子轴承等。

图 2-8 为角接触球轴承，由于具有接触角，角接触球轴承适用于要求高精度和高转速，可承受组合径向和轴向负载。角接触球轴承还分为单列角接触球轴承、组合角接触球轴承、双列角接触球轴承。

图 2-8　角接触球轴承

（2）风电轴承

光洋轴承在光伏发电和风力发电设备及这些设备的制造中发挥作用。例如，该企业研发的轴承应用于光伏发电设备使用的太阳能跟踪装置，以及风力发电领域的风轮机的主轴、齿轮减速器、发电机和旋转部件。该企业在该领域研发了相关轴承有深沟球轴承、角接触球轴承、特殊环境用球轴承、调心滚子轴承、圆锥滚子轴承、圆柱滚子轴承、滚针轴承、油封。

特殊环境用球轴承如图 2-9 所示，该轴承是可用于无尘、真空、高温和腐蚀性环境等特殊环境的轴承，需要具有无磁性、绝缘和速度快等特性。因此，不能使用由轴承钢制成的普通轴承，以及油和油脂等润滑剂。JTEKT 的特殊环境用 EXSEV[①] 系列可满足这些要求。不锈钢是标准的轴承材料，该公司可提供多种适合任何指定应用

图 2-9　特殊环境用球轴承

的轴承。轴承种类包括抗腐蚀不锈钢轴承、陶瓷轴承、高速工具钢轴承，以及使用高分子氟、二硫化钼涂层、树脂或软金属等固态润滑剂的轴承。

（3）医疗器械轴承

随着全球人口老龄化问题日益加剧，不论是发达国家，还是发展中国家，医疗设备市场都有不断扩张的期望。MRI 和 CT 扫描仪等医疗设备是先进的医疗服务所必需，JTEKT 研发了 CT 扫描装置和 X 射线管用轴承单元、MRI 核磁共振设备和超声波电机用轴承、CT 扫描装置 /MRI 用转盘轴承等系列产品。

---

① 极端特殊环境的缩写。

CT扫描装置的旋转阳极 X 射线管的轴承要在真空和高温环境下工作，因此，其采用的是轴承的滚道面经过银离子电镀处理的特殊轴承单元，如图 2-10 所示。

图 2-10　CT 扫描装置和 X 射线管用轴承单元

2.1.4　日本恩梯恩（NTN）

日本恩梯恩（NTN）创立于 1918 年，总部位于日本大阪，是一家全球领先的精密机械零部件制造商。特别在世界轴承市场，NTN 的轮毂轴承市场份额最大，传动轴市场份额居全球第二。NTN 的产品从汽车、轨道车、工程机械、喷气式飞机到医疗器械，被许多世界级的工业客户所选择（图 2-11）。

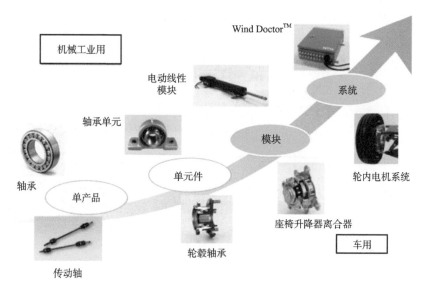

图 2-11　NTN 产品概览

NTN 拥有 22 000 多名员工，分布在全球 33 个国家约 220 个营业点。NTN 充分利用其优质区域品牌，加强其全球网络。在欧洲，NTN 通过整合法国最大的轴承制造商 SNR Rouelements 成立 NTN-SNR，成为欧洲市场领导者。在北美洲，自 1963 年设立美国 NTN 轴承分公司，NTN 与 BCA 和 Bower 等轴承品牌开展紧密的战略合作；在亚洲，NTN 提供适合当地需求的高附加值产品，在中国、韩国、新加坡、泰国和印度等国设有制造、营销和研发设施。

许多世界级的制造商对 NTN 的精密机械产品充满信心。NTN 的一些产品可应用在极端恶劣工况环境下，如高温（200 ℃）和高速旋转（10 000 r/min）的喷气式发动机、300 公里 / 小时运行的高铁。此外，汽车（含电动汽车）、火车、风力发电机、火箭、医疗器械、家用电器等行业也采用 NTN 的产品。近年来，NTN 试图通过开发小型风力发电机和微型水力涡轮机，进军新能源产业，创造新的商机。以下简单介绍该公司的部分产品。

汽车用轴承类型主要有深沟球轴承、滚珠轴承、滚针轴承、圆锥滚子轴承、圆柱滚子轴承滚珠丝杆支承等，用于汽车的发动机、汽车悬挂系统、汽车轮毂、汽车变速箱等。

NTN 的深沟球轴承如图 2-12 所示，该轴承是最常见、应用最广泛的一种滚动轴承。其特点是摩擦阻力小、转速高，能用于承受径向负荷或径向和轴向同时作用的联合负荷的机件上，也可用于承受轴向负荷的机件上。

图 2-12　深沟球轴承

此外，2021 年 5 月，NTN 开发了一款新产品——后轮用方向盘功能集线器轴承"Ra-sHUB 集线器"（图 2-13），该产品具有：左右独立控制后轮的角度、可以安装在所有的悬架装置上、构造紧凑、高刚性、高响应性、大转舵角（±10°）等特点。

图 2-13　Ra-sHUB 集线器

（1）风力发电轴承及设备检测系统

风力发电轴承是一种特殊的轴承，使用环境恶劣，维修成本高，要求使用寿命长。NTN 在风力发电上不仅有多种轴承，还提供风力发电设备状态监视系统。

NTN 风力发电设备状态监视系统 "Wind Doctor" 如图 2-14 所示，由世界上最小级别的数据收集装置、测量用传感器、数据管理·监视·分析软件构成。该系统在日本国内第一个获得风力发电装置认证制度 GL（Germanischer Lloyd：德国劳埃德船级协会）认证。

图 2-14　NTN 风力发电设备状态监视系统 "Wind Doctor"

（2）自然能源用轴承新产品

近年来，NTN 进军自然能源用相关轴承产品，推出了诸如绿色电源站、小形风车（10 kW）、微型水车等产品。绿色电源站，即混合动力路灯，集太阳能与风力发电于一体的 LED 照明设备。NTN 的 "小型风车（10kW）" 采用了独特形状的垂直翼，可以实现高静音和高效率地发电。根据有厚度的翅膀形状，即使在强风下也几乎不会产生切风音，另外，采用垂直翼，使之无论从哪个方向受到风都能旋转。通过设置在机翼前端的风向标可以防止作为旋转阻力的涡流，将能量损失控制在最小限度。NTN 微型水车，无须落差、只需放在河流中就能高效率发电的微水车（图 2-15）。

图 2-15　NTN 自然能源用绿色产品

2.1.5　日本美蓓亚（NMB）

美蓓亚（NMB）是美蓓亚三美株式会社旗下品牌，创立于 1951 年，前身是日本微型轴承公司（Nippon Miniature Bearing Co., Ltd.），是日本首家微型轴承制造商。该集团现今是轴承等机械加工品、电子设备、小型电机等产品的生产制造与销售商。在全球 22 个国家有 84 个制造工厂，员工近 9 万人，月均对外销售 1.9 亿个滚珠轴承，能生产全球最小的可量产滚珠轴承，外径仅 1.5 mm；在中国上海、苏州、珠海、青岛等地拥有 13 家工厂，销售分支机构遍布 16 个城市，员工约有 16 000 人。该集团多种产品稳居全球市场份额第一，如微型和小型滚珠轴承（外径 22 mm 以下）产品销量占全球市场份额的 60% 以上；飞机用杆端轴承产品销量占全球市场份额的 50%；硬盘驱动器（HDD）用枢轴组件产品销量占全球市场份额的 80%。

微型滚珠轴承（深沟球轴承）是该公司的核心产品（图 2-16）。NMB 轴承以外径 22 mm 以下的微型轴承为主，产品型号多达 8500 种，针对高温 / 低温等恶劣环境及长寿命、低能耗、低噪声、稳定性等特殊要求，提供多样的解决方案，轴承产品用于汽车、家电、医疗、办公设备、工业机械等众多领域。NMB 追求极限精度，其轴承的内外圈、滚珠、保持架、防尘盖、油脂等零部件均由公司内开发制造。

图 2-16　微型滚珠轴承

（1）汽车轴承

美蓓亚集团制造的滚珠轴承主要是单列径向深沟滚珠轴承。除了开放式，径向深沟滚珠轴承还有带防尘盖及密封圈的类型，可以有效减少异物入侵及润滑脂泄漏。

此外，还有便于安装的法兰式和止动环式，以及极薄型径向滚珠轴承、轴向滚珠轴承和轴、罩壳、轴承一体构造的导向轴承等。NMB 轴承广泛应用在汽车领域，包括汽车防抱死（ABS）/电子稳定控制系统（ESC）、雨刮器电机、电子节气门控制（ETC）系统、涡轮增压器、电动助力转向（EPS）系统、汽车空调（HAVC）系统鼓风机、散热器风扇、废气再循环（EGR）系统等。

（2）医疗器械轴承

美蓓亚集团的微型滚珠轴承及机械加工品等零部件在医疗器械领域也有优秀的表现，还可按客户要求将微型滚珠轴承、小型电机、精密齿轮等产品以最佳配置组合成组件向客户提供。其轴承及组件主要用于牙医用牙钻、临床检验装置、医用泵、呼吸器类医疗器械、护理器械、医用床、升降机、轮椅、步行器、CT、MRI、X 光、超声波诊断装置等。以径向深沟滚珠轴承为例，是径向滚珠轴承中最具代表性的形式（图 2-17）。该轴承除了径向负载，还可承受两个方向的轴向负载，其类型包括开放式、防尘盖式、密封圈式，另外，其选择范围较大，有较广的尺寸（公制和英制）。

图 2-17　径向深沟滚珠轴承

2.1.6　美国铁姆肯（TIMKEN）

1895 年，TIMKEN 的创办人亨利·铁姆肯为当时的车轴发明了一种使用圆锥形滚子的轴承，即是圆锥滚子轴承（tapered roller bearings），公司由此成立。TIMKEN 公司作为一家百年历史的世界领先制造商生产了 230 种类型、2.6 万个不同规格的圆锥滚子轴承，其高品质的轴承、合金钢及相关产品和服务无处不在，不论是陆地、海洋，还是太空。TIMKEN 工程轴承拥有精密的公差、独特的内部几何结构和高品质的材料。TIMKEN 公司的圆锥滚子轴承、调心滚子轴承、圆柱滚子轴承、推力轴承、球轴承、滑动轴承、微型轴承、精密轴承和带座轴承单元等系列产品具有强大、稳定和可靠的性能。以下简单介绍该公司的部分轴承及其应用的领域。

（1）圆锥滚子轴承

TIMKEN 的圆锥滚子轴承属于世界第一品牌。TIMKEN 圆锥滚子轴承具有可担起重任的单列、双列及四列配置有数千种组合，可从容应对径向负荷与推力负荷的特性。定制几何结构、工程表面处理及不同的密封设计可进一步提高性能。

① 尺寸更小、质量更轻、性能更高的 TIMKEN 轴承;

② TIMKEN 轴承寿命更长、成本更低,在业内名列前茅;

③ 属真正的滚动运动,速度更快、滚子倾斜和打滑更少;

④ 选择范围较大,有较广的尺寸(英制和公制),图 2-18 为英制双列圆锥滚子轴承。

图 2-18　英制双列圆锥滚子轴承

(2)调心垫圈轴承

TIMKEN 公司的调心垫圈轴承具有自调心功能,能应付初始的偏心状态。该轴承的尺寸范围:50.8~406.4 mm[2~16(英寸)]。该轴承的优势在于重叠的滚子路径能防止滚道中出现磨损沟,有效延长轴承寿命,使制造更为经济,同时也方便安装。总之该轴承简单的设计使轴承在购买和安装上更为经济。图 2-19 为调心垫圈轴承,可用于建筑车辆设备、钻孔机、提升设备和发电齿轮箱中。

图 2-19　调心垫圈轴承

(3)航空军工轴承

TIMKEN 公司是航空轴承领域的领导者,为美国军队提供轴承产品和服务可以追溯到第二次世界大战。60 多年来,该公司一直为航空航天行业提供世界一流的轴承抗磨检测、修复和工程服务。近几年,该公司与美国海军签订了长期合同,为美国海军 Arleigh Burke 的 DDG-51 驱逐舰提供减速齿轮和工程支持。此外,还为美国陆军、海军和海军陆战队提供变速箱和转子部件,已为美军 Block II 阿帕奇直升机平台建造了所有 5 个变速箱,并获准为阿帕奇主旋翼变速箱提供售后维修。

TIMKEN 的航空航天轴承采用真空电弧熔炼 52100 钢或真空感应熔炼—真空电弧重熔的(VIM-VAR)M-50 钢,通常按照 ABEC/RBEC 5 公差制造,带有高强度

图 2-20　滚珠轴承

机加工保持架，以满足行业要求。如 TIMKEN 的滚珠轴承可应用于航空航天用涡轮发动机和传动装置（图 2-20）。产品包括两种 Conrad 配置 (HK 和 HD型) 和两种角接触配置 (HA 和 HT 型)。尺寸范围：10 ~ 600mm 外径。设计属性如下。

① HK 型是专为处理重负荷和高强度 Conrad 分离器选项，可以管理严重的负荷和速度。

② HD 型具有创新的断裂外圈设计，允许在径向深沟轴承中最大限度地补充滚珠。这大幅提高了动态负载能力和预测使用寿命。

③ HA 型具有不可分离设计，带有抗疲劳的外圈和一体式高强度分离器。适用于预加载和 / 或推力型应用。

④ 其他选项包括深槽外圈和缓解超高速应用的内圈。

⑤ HT 型是一种高性能生产线，具有全深槽外圈、一体式高强度分离器和两个额外的深槽内圈半体。适用于具有反向推力负载的高速轴承。

2.1.7　德国舍弗勒（Schaeffler）

Schaeffler 是一家来自德国的家族企业，其名称来自于其创始人乔治·舍弗勒（Georg Schaeffler）博士的姓氏，该公司是全球著名的发电机、变速轴等精密设备的生产商。该公司历史悠久，1883 年，FAG 在德国施魏因福特成立；1946 年，INA 在德国赫尔佐根奥拉赫成立；1965 年，LuK 在德国布尔成立；1999 年，INA 回购 LuK，将公司业务从工业系统扩展至汽车领域；2002 年 INA 收购 FAG，成为世界第二大滚动轴承制造商；2003 年，舍弗勒集团正式成立，旗下拥有 INA、FAG 和 LuK 三大品牌。

Schaeffler 集团下设汽车、工业、航空航天 3 个事业部，在 2011 年该企业的业务已经遍及全球 50 多个国家，设有约 80 家制造厂和 100 多个销售办事处，全球拥有 66 000 名员工。自 1998 年在中国投资生产以来，舍弗勒集团中国区逐步拓展生产与营销网络，在国内各地设立研发中心、生产基地及销售办事处，为向中国用户提供长期优质而便捷的服务打下了良好的基础。

舍弗勒的产品广泛应用于航空航天工业。其客户群包括航空发动机、直升机、涡轮泵、空间系统及医疗技术领域的零部件著名制造商。就所用材料和设计而言，舍弗勒是高度可靠的特殊轴承应用系统供应商。除开发特殊轴承之外，Schaeffler Aerospace 还提供复杂和高度集成的轴承系统和机电单元，包括相关的传感器系统。其滚动轴承系统用于飞机和航空器的制造，改善了性能、安全性和可靠性，降低了成本。这类零件还能承受极低温或极高温、失重和强加速力，包括多种喷气发动机轴承设计、直升机轴承、航空航天轴承、薄壁轴承。

（1）航空发动机轴承

以薄壁轴承为例（图 2-21）。薄壁轴承为高精度产品，运行噪声极小，承载能力高。这些轴承具有 3 种不同的设计，横截面非常小，主要为方形。在每个系列中，即使在较大的轴和外壳孔径的情况下，横截面也保持不变，因此，轴承也称为恒定截面（CS）轴承。该特点将薄壁轴承与标准化 ISO 系列中描述的传统轴承区分开来。薄壁轴承以分级的方式选择更大的横截面，因此，可以使用具有高承载能力的轴承，无须增加轴直径。薄壁轴

图 2-21　薄壁轴承

承可用于实现极轻和紧凑型设计。薄壁轴承可以为深沟球轴承、四点接触轴承和角接触球轴承。各种设计都有多系列，系列则取决于横截面的大小，接触球与系列匹配。

（2）风电主轴轴承

风电主轴轴承以 FAG 调心滚子轴承为例（图 2-22）。舍弗勒集团旗下的 FAG 开发了具有 X-life 品质的新型 E1 调心滚子轴承设计，设计师在新一代轴承的设计中，应用了轴承运动学领域的新发现，采用了更好的生产方法和更有效的标准材料，所采用的热处理工艺与轴承必须满足与要求相适应。使得滚子质量得到提升，滚子的几何学得到了优化，其承载能力提升了 17%，由此增加名义额定寿命 70%。这些改进通过提高的动态和静态等级反映出来。最终结果是，更有效的轴承系统能提供更长的使用寿命、更高的静态安全性，以及降低摩擦和轴承温度。

图 2-22　FAG 调心滚子轴承

（3）滚针轴承

机械制造的滚子轴承已被认为是径向空间节省设计的机械元件。滚针轴承是 INA 的强项产品（图 2-23）。舍弗勒集团研发了 X-life 系列，该系列是 INA 和 FAG 品牌下极高性能产品的品牌标识。X-life 滚针轴承，较以往产品延长了 50% 的使用寿命，且以更低的成本取得更长的工作寿命和更好的性能。X-life 滚针轴承通过改进表面质量，与之前的滚针轴承相比，动态承载等级被提高约 13%。承载等级的明显改善使具有更长寿命、更低润滑需求、更少摩擦、更低温度的轴承的效率大为提高。

图 2-23　滚针轴承

2.1.8　日本不二越（NACHI）

日本不二越（NACHI）公司创立于 1928 年（昭和 3 年），是为实现国产产品替代当时几乎全部依赖进口的机械工具而创立。创始人井村荒喜认为，只有机械领域的自立才是发展日本工业产业的基础所在。其主要产品包括机械工具、机器人、特种钢、工业炉、液压设备、精密机床和轴承，建立了从材料到最终产品的综合生产体系。其轴承精度高、性能好、质量轻、安全耐用，综合实力成为世界八大知名轴承之一，其中，它的滚珠丝杠支撑轴承、主轴轴承和深沟球轴承优势更是明显，可跻身全球前三。

（1）深沟球轴承

NACHI 的深沟球轴承主要用于电动机、汽车发电机、汽车起动机、压缩机、鼓风机、变速箱等处（图 2-24）。该轴承具有如下特点。

① 寿命更长，采用 NACHI 原装密封设计，防止污染和油脂泄漏。含有特殊润滑脂，温度范围更广，使用寿命更长。

② 运行平稳、无噪声，轴承部件的精度水平已经提高，以确保平稳和安静的运行。

③ 低扭矩，通过改进密封唇来降低旋转扭矩。

图 2-24　深沟球轴承

（2）滚珠丝杠支撑轴承

NACHI 的该轴承密封集成在滚珠丝杠支撑轴承中，具有很大的轴向刚度；其免维护，因为高性能润滑脂是预先填充的（防止异物从外部进入）；预设预紧力，便于安装到机器上；提供接触式和非接触式密封（图 2-25）。该轴承特点：刚度强、更节能、便于安装、密封性能优异、免维护。主要用于高精度、高速精密机床，精密测量仪器和机器人等精密器械中。

图 2-25　滚珠丝杠支撑轴承

2.2　国内企业

2.2.1　洛阳 LYC 轴承有限公司

洛阳 LYC 轴承有限公司前身是国家"一五"期间 156 个重点建设项目——洛阳轴承厂，是中国轴承行业规模较大的综合性轴承制造企业之一。拥有国家级技术中心，拥有军用飞机发动机轴承、铁路轴承、重大装备专用轴承的研发和制造能力，是我国中大型轴承的诞生地，在风电发电机轴承、特大型轧机轴承上具有一定特色，轴承产品尺寸广、用途覆盖面宽、品种齐全。具有设计生产九大类型1万多个轴承品种的制造能力，具有较为完善的产品研发、检测控制和技术创新体系，是我国规模最大的综合性轴承制造企业之一。

LYC产品广泛应用于矿山冶金、铁路车辆、汽车、摩托车、工程机械、石油机械、机床电机、医疗器械、国防军工、航空航天、港机电力等领域。曾成功为三峡水利工程、神舟系列航天工程、葛洲坝水利工程、奥运工程、南水北调工程、西气东输工程等国家级重点工程建设项目配套轴承产品。值得一提的是，LYC在军工、工程机械轴承上颇具特色，其工程机械轴承主要用在轮毂、水泵轴联、变速箱、涨紧轮、车桥、离合器分离、转向器、摩托车发动机、主减速器等产品中。

下面对LYC轴承的应用领域及相关产品做简单介绍。

（1）转盘轴承

转盘轴承是一种能够同时承受较大的轴向负荷、径向负荷和倾覆力矩等综合载荷，集支承、旋转、传动、固定等多种功能于一身的特殊结构的大型轴承（图2-26）。一般情况下，转盘轴承自身均带有安装孔、润滑油和密封装置，可以满足各种不同工况条件下工作的各类主机的不同需求；另外，转盘轴承本身具有结构紧凑、引导旋转方便、安装简便和维护容易等特点，被广泛用于起重运输机械、采掘机、建筑工程机械、港口机械、风力发电、医疗设备等大型回转装置上。

图2-26 转盘轴承

（2）圆锥滚子轴承

LYC制造的圆锥滚子轴承除公制系列外，还有英制系列。公制系列的代号和尺寸符合ISO 355—1977（E）的规定，英制系列符合AFBMA（Anti-Friction Bearing Manufacturers Association）的规定。根据滚子列数，LYC制造的圆锥滚子轴承有单列、双列和四列等不同结构形式，图2-27为LYC圆锥滚子轴承。

图2-27 LYC圆锥滚子轴承

2.2.2 洛阳轴研科技股份有限公司

洛阳轴研科技股份有限公司（简称轴研科技）前身是 1958 年成立的洛阳轴承研究所，是我国轴承行业的国家一类综合性研究所，1999 年进入中国机械装备（集团）公司（现中国机械工业集团有限公司），转制为科技型企业，于 2005 年在深交所中小企业板上市。公司隶属于世界 500 强中国机械工业集团有限公司（国机集团），是国机集团精工业务的拓展平台、精工人才的聚合平台和精工品牌的承载平台。

轴研科技业务聚焦于精密轴承制造领域，在高精度、高可靠性轴承研发与制造、检测与试验方面具有较强的实力，居国内领先地位。公司拥有 1 个国家科研机构（国家企业技术中心）、3 个产业基地，能批量生产内径 0.6 mm 至外径 6.8 m 的各种类型的高端轴承产品和组件。轴承产品应用涉及航空航天、舰船兵器、机床工具、风力发电、矿山冶金、石油化工、医疗器械、汽车与轨道交通、工程机械等各个领域。公司的主要产品包括轴承、电主轴、轴承专用工艺装备和检测仪器、特种材料等四大类，具有航天特种轴承、精密机床轴承、电主轴及电主轴轴承、精密冷辗机轴承、轴承性能试验机、轴承专用检测仪器、轴承防锈润滑油、胶木保持架、多孔含油保持架、特种合金球、陶瓷球及陶瓷轴承。

相关高端轴承有航空军工轴承、轨道交通轴承、风电等中文型轴承。

（1）航空军工轴承

轴研科技是我国航空航天军工小型滚动轴承的主力军单位，与贵州天马、中航工业哈轴等单位一起承担着该类高端轴承的研制任务。该公司的航空军工轴承包括超高速角接触球轴承、圆锥滚子轴承、圆柱滚子轴承、滚珠丝杠球轴承单元（图 2-28）。以超高速角接触球轴承为例，其尺寸系列包括 H719C、H719AC、H70C、

图 2-28　超高速角接触球轴承

H70AC；H719 的内径尺寸为 8～220 mm，H70 的内径尺寸为 8～220 mm；产品具有超高速、高刚度、适于油气润滑或喷射润滑的特点。

（2）轨道交通轴承

轴研科技是我国最早承担高铁轴承研制项目的主单位之一，建有生产线，并开发有高铁轴承试验机，由于研制产品缺乏有效的验证试验等原因，高铁轴承一直未进入装机应用。

以动量轮轴承为例，该公司研发的动量轮轴承如图2-29所示。该轴承要求转速3000～9000 r/min，且要求多次启－停，温度范围一般为 -40～80 ℃，真空环境，寿命需求3～5年，甚至8年。针对特殊的服役特性，该企业特种轴承保持架开发团队经过认真研究，最终决定选择微孔含油自润滑材料——多孔聚酰亚胺材料，经真空浸油成多孔含油保持架，在寿命期内稳定供油。多孔聚酰亚胺材料拉伸强度≥45 MPa，平均孔直径1.9～2.3 μm，孔隙率18%～24%，含油保持率 >90%，油润滑摩擦系数 < 0.05，耐磨损。应用多孔含油聚酰亚胺保持架，某型号动量轮组件轴承运转稳定性、启动摩擦力矩均满足要求，轴承寿命满足设计要求。

图 2-29　动量轮轴承

（3）风电等中大型轴承

轴研科技承担过科技部风电轴承、掘进机械轴承等系列项目技术攻关，掌握一定的重型机械等大型轴承的设计、生产工艺、检测及试验等核心技术，部分产品已经到应用，但还有较多产品应用状况不很理想。

轴研科技研发的中大型轴承产品可以分为船用吊机轴承、低摩擦力矩风力发电机主轴轴承、盾构掘进机械轴承及工程机械用轴承，机械用轴承有起重机用的转盘轴承，其中为千吨全地面起重机设计的六排滚子转盘轴承，外径达3642 mm，重14 t（图2-30）。

图 2-30　中大型轴承

2.2.3 瓦房店轴承集团有限责任公司

瓦房店轴承集团有限责任公司（简称瓦轴集团）始建于 1938 年，是中国轴承工业的发源地，曾进入世界轴承前八。瓦轴集团先后北迁创立了哈尔滨轴承厂，援建了洛阳轴承厂，包建了西北轴承厂，并相继为全国上百个轴承企业提供了人才、技术与管理等方面的支持与帮助，为中国轴承工业发展做出了重要贡献。

瓦轴集团是国有资产控股的有限责任公司，拥有总资产 72 亿元、净资产 36 亿元，现有员工 11 000 人，主导产品是重大装备配套轴承、轨道交通轴承、汽车轴承、风电轴承、精密机床及精密滚珠丝杠、精密大型锻件，在国内外拥有八大产品制造基地，共 23 家制造工厂。共拥有国家级企业技术中心、国家大型轴承工程技术研究中心等科研开发机构，开发生产有 18 000 多个规格轴承产品，占世界全部常规轴承品种的 26%。

（1）轧机轴承

轧机轴承是瓦轴集团的拳头产品之一，在国内具有一定的知名度。其多采用四列圆锥滚子轴承，特殊的密封结构可以有效防止轧制过程中异物的进入及润滑剂的流失，具有径向、轴向双重承载能力，具有耐冲击、耐高温的性能。热轧板带轧机轴承如图 2-31 所示。

图 2-31　热轧板带轧机轴承

（2）刮板机轴承

刮板机轴承采用单列圆柱滚子轴承和圆锥滚子轴承，圆柱滚子轴承内圈无挡边可在轴向力的作用下浮动，当外壳，可以很好地释放热膨胀量，提高轴的刚性。圆锥滚子轴承可以满足装机功率大、载荷高等问题，提高了轴的刚性，且安装、拆卸方便（图 2-32）。

（3）轨道交通轴承

瓦轴集团也是最早参与高铁轴承研发国家项目的企业之一，建有生产线，但和洛轴、洛轴所等轴承企业相同，高铁轴承尚未上机使用，却成功开发了地铁轨道交通轴承，已取得多条地铁线的应用案例。其圆锥轴承整体单元化结构设计，径向游隙与轴向游隙已经按标准配好，安装时无须重新调整，该轴承广泛使用于地铁轻轨（图 2-33）。轴承在制造工厂已按要求填充好专用铁路轴承润滑脂，组装时不用添加润滑脂，两面带有密封罩可防止润滑脂的泄露及防止外界杂质和污物的浸入。圆柱滚子轴承配对使用，采用EC结构设计，滚子素线采用对数曲线，挡边采用斜挡边，降低边缘应力，提高轴承的轴向承载能力。轴承的径向游隙与配对轴向游隙已经按要求配好，安装时无须重新调整。轴承运行速度 80 km/h，温度范围 −40 ~ 40 ℃，运用温升不大于 30 ℃，轴承维护周期 6 年，设计寿命大于 200 万公里。

图 2-32　刮板机轴承

图 2-33　地铁轻轨轴承

（4）风电变桨轴承

瓦轴集团是我国第二大风电轴承制造商，风电变桨轴承是其主导风电产品之一。风电变桨轴承安装在风力发电机上叶片的根部，承受着叶片和风扫过叶片共同产生的轴向力、径向力和倾覆力矩。变桨轴承具有自密封性、防腐性，且内部有一定预紧力。轴承在复杂的载荷工况下，在风吹雨淋、沙尘盐雾、高低温和强紫外线等极端恶劣的环境下具有 20 年以上的使用寿命和 99% 以上的可靠性（图 2-34）。

图 2-34　风电变桨轴承

2.2.4　中航工业哈尔滨轴承有限公司

中航工业哈尔滨轴承有限公司（简称中航哈轴）于 2010 年 5 月由成发科技、中航工业东安、中航工业黎明和中航工业西航 4 家企业与哈尔滨轴承制造有限公司合资成立，是中国航空工业集团公司成员单位，行政关系隶属于中航发动机控股有限公司，是以航空轴承为主要产品，集研发、制造、销售、服务为一体的轴承企业。中航哈轴承担着国内航空轴承半数以上的配套任务，同时为航天、航海、兵器等行业提供轴承应用及解决方案。在做强做大航空航天轴承的基础上，大力开发铁路轴承、高端精密轴承、特大型轴承等。

（1）航空发动机轴承

中航哈轴是我国军用飞机发动机轴承的主要承制单位之一，肩负着振兴我国航空轴承产业的历史使命。公司以航空轴承为主要产品，主要承担航空发动机主轴轴承、直升机传动系统轴承、飞机轴承、附件轴承四大类航空轴承的配套任务，国内市场占有率达 2/3 以上。从"长征二号"大推力捆绑式火箭到"东风"系列导弹、从"神一"至"神七"、从"嫦娥一号"到"天宫一号"等航天配套产品的十几个型号、数千套轴承，都烙印着中国航发哈轴制造的标记。

图 2-35　直线轴承

（2）直线轴承

直线轴承由一个圆筒形外圈和多列钢球及保持架组成。轴承可在轴上做往复直线运动。钢球列数多、摩擦力小，轻便灵活，使用寿命较长，便于维修保养与更换。图 2-35 为直线轴承。

（3）推力调心滚子轴承

该类轴承滚子为球面型，由于底座滚道面呈球面，具有调心性能。轴向载荷能力非常大，在承受轴向载荷同时可承受若干径向载荷。使用时一般采用油润滑。该类轴承主要应用于水力发电机、立式电动机、船舶用螺旋桨轴、塔吊、挤压机等。推力调心滚子轴承如图 2-36 所示。

图 2-36　推力调心滚子轴承

（4）双列圆锥滚子轴承

圆锥滚子轴承主要用以承受以径向载荷为主的径向与轴向联合载荷，外圈可分离，组装容易。在安装和使用过程中可以调节轴向游隙与径向游隙，也可以预过盈安装。双列圆锥滚子轴承为圆锥滚子轴承的一种，如图 2-37 所示。

图 2-37　双列圆锥滚子轴承

2.2.5 人本集团有限公司

人本集团有限公司（简称人本集团）成立于 1991 年，前身是温州市轴承厂。经过多年的努力，人本集团在温州、杭州、无锡、上海、南充、芜湖、黄石等地建有八大轴承生产基地，生产内径 1 mm 至外径 6000 mm 的各类轴承 3 万余种，年轴承产量超过 12 亿套。产品广泛应用于汽车、家电、电机、摩托车、工程机械、电动工具、农林机械、纺织机械、工业机器人、风电、医疗器械等行业。

人本轴承被业内称为中国 NSK，以轴承高精度、低噪声性能攻克为目标，在电机轴承市场占有较大份额。通过上海、芜湖基地建设，已进入汽车、工程机械、风电等行业。2012 年开始，人本轴承产值雄踞国内榜首。人本集团拥有国家级技术中心，轴承检测能力通过 ISO 17025 实验室认可。技术中心汇聚海内外轴承专家，已参与制修订国家和行业标准 50 余项，获得国家专利 1400 余项。中心拥有各类检测、分析和试验仪器 1 万多台套，可以完成各类轴承的检测、试验和分析。专业的设计及仿真分析系统，为各行业客户提供应用分析、设计选型、安装维护等系统化解决方案。

（1）电机轴承

以做深沟球轴承起家的人本集团，20 世纪 90 年代开始攻克轴承低噪声技术难关，在国内电机行业赢得一片掌声，进入 21 世纪后配套生产低噪声圆柱滚子轴承，扩大了电机行业市场份额（图 2-38）。一般电机轴承的振动与精度水平，基本达到日本 NSK 水平，但在精度寿命和静音寿命方面与日本 NSK 尚有一定差距，由于前期的人本成本优势，对日本 NSK 的电机轴承市场构成了一定威胁。

图 2-38 电机轴承

电机包括工业电机、伺服电机、步进电机、变频电机、防爆电机、特种电机等各类电机，主要具有低噪声、低振动、低能耗、高效率等特点。人本在节能降耗、低噪声方面具有非常成熟的技术。轴承应用部位包括节能电机、高压防爆电机、伺服电机、编码器、变频电机、工业电机等。

人本电机轴承具有如下特点：①高精度，采用先进生产设备和人本的特殊制造工艺；②低噪声，采用合适的润滑脂、合适的填脂量、高的轴承尺寸精度；③有效密封，合理的密封，有效防护，更低的启动力矩；④长寿命，采用优质轴承钢及特殊热处理工艺，提升轴承寿命。

（2）汽车专用轴承

汽车轴承涉及深沟球轴承、圆锥滚子轴承、轮毂单元轴承、短圆柱滚子轴承、滚针轴承、摇臂轴承、减震器轴承等，其中包含多个具有特殊结构和功用，具有自主知识产权的滚动轴承。主要应用于汽车动力系统、传动系统、转向系统、底盘系统和辅助系统。

人本紧密结合汽车性能变化发展，致力于汽车轴承的研发，并开发出带有继承 ABS 脉冲发生器的轮毂轴承单元、长寿命变速箱轴承、耐高温和高速及密封性能好的电磁离合器轴承、高速旋转密封球轴承、汽车水泵轴承等，主要产品有电磁离合器轴承、空调压缩机轴承、水泵轴连轴承、轮毂轴承。

此外，随着新能源汽车的发展，人本还开发了适合各种新能源车辆所需的驱动电机轴承、减速器轴承及各类配套轴承，在高速性能、低噪声方面处于领先地位。产品包括 BS 深沟球轴承。

汽车动力系统是汽车的核心，为汽车安全行驶提供动力支持。动力系统包括汽车发动机、发电机、张紧轮、水泵、风扇等，运行温度高、极限转速高、寿命长、可靠性要求高，同时具有较高的密封性能要求。人本可根据各种不同工况提供技术解决方案，主要产品包括发动机摇臂轴承、交流发电机轴承、水泵轴连轴承、张紧轮轴承（图2-39）。

图2-39　汽车轴承

第3章 国内外高端轴承专利分析

3.1 全球专利分析

3.1.1 专利公开趋势分析

从专利的公开趋势可以看出，高端轴承专利发展主要经历了3个时期，各个时期的划分都以专利公开量增长率变化为标准（图3-1）。

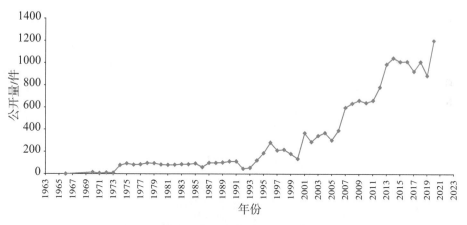

图3-1 全球专利公开趋势

（1）萌芽期（1973年及以前）

1973年及以前，高端轴承相关专利数量较少，基本都不足20件，最早1966年公开了第1件专利，1967年、1968年和1969年未公开任何专利，直到1970年才公开了15件，在这8年获得的专利总量仅为46件。高端轴承发展还处于萌芽阶段，对于该领域的研究尚处于探索阶段，成果输出还较少。

（2）平稳增长期（1974—1993 年）

这一时期专利数量处于稳中有升的趋势，基本维持在 80～114 件，偶尔有几年的专利数量不足 70 件。1974 年公开专利数量为 79 件；1987 年达 100 件；1978—1991 年，一直维持在 100 件以上，但是在 1992 年又突然下降至 28 件。

（3）快速增长期（1994—2020 年）

这段时期专利公开数量呈现明显地曲折上升的趋势，上升幅度大，在 1996 年出现小高峰，283 件；2001 年出现第 2 个小高峰，368 件；2014 年出现第 3 个小高峰，1046 件；2020 年出现第 4 个高峰，1202 件；2020 年专利公开量已经是 1996 年的 4 倍多。该时期相较前两个时期出现了量的飞跃，这也说明全球工业水平随着时代的发展不断提升，各国对高端轴承的研发投入越来越多，研发成果相继产业化。

由此可见，高端轴承研制起始于 20 世纪 70 年代中期，到 90 年代中期为世界所关注，进入 21 世纪后，高端轴承研制被提上议事日程。

3.1.2　专利来源区域分析

高端轴承公开专利优先权国家、地区及国际组织如图 3-2 所示（图中俄罗斯公开专利量包括苏联时期的 440 件）。可以看出，在该领域中国公开的专利最多，达 7144 件，占全部公开专利量的 37%；其次为日本，公开专利 5139 件，占 27%；居第 3 位的是美国，共公开专利 1369 件，占 7%。

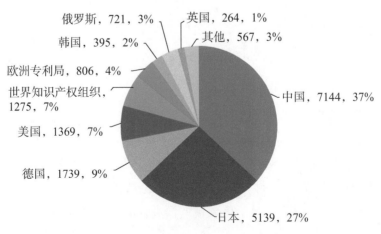

图 3-2　高端轴承公开专利优先权国家、地区及国际组织

从专利公开年度的国家分布来看，日本的高端轴承领域发展实力一直很强，公开专利较早，在 1974 年便公开了相关专利，此后每年专利公开量都维持在一个稳步上升的态势。日本有多家大型轴承集团，如日本精工株式会社、日本恩梯恩、日本捷太格特等。日本从 1995 年开始专利的公开量远高于其他国家，该优势一直持续到了 2008 年。2008 年以后中国高端轴承开始崛起，中国在该领域的专利公开量开始与日本持平；到 2011 年，中国在该领域的专利公开量开始超过日本。中国的发展势头十分强，特别是 2008 年以后，中国专利公开量的大幅增加表明，中国在该领域的发展水平和技术能力有着显著提升。美国作为现代化工业强国，早在 1967 年便有轴承专利公开，属于全球较早研究该领域的国家；此后，每年都有相关专利公开，但专利公开量上没有大的突破（图 3-3）。

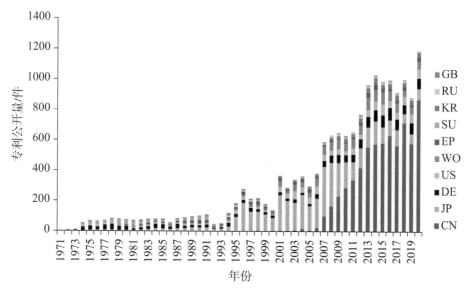

图 3-3　高端轴承 TOP 10 国家专利公开量年度分布

由此可见，中国对高端轴承的关注始于 2008 年左右，与国外相差近 20 年，但发展强劲。虽然中国自 2011 年开始专利公开量超过日本，但轴承实物水平，尤其是高端轴承品种与数量与日本差距仍然不小，一方面，部分专利具有滥竽充数、质量不高的嫌疑；另一方面，从专利技术发明到成熟应用还有较长时间，需要一个应用技术研究的过程。

3.1.3 关键技术分析

通过对 IPC（国际专利分类号）的统计分析发现，国内外高端轴承专利排名居第 1 位的为润滑的特殊部件或零件，共公开专利 2628 件，即润滑结构；其次为轴承滚道：轴承套圈，公开专利 2225 件；居第 3 位的是滚珠或滚子轴承的带有隔膜、盘或环，有或无弹性元件，共公开专利 1422 件，即轴承附件。从高端轴承 TOP 10 专利 IPC 排名可以发现，高端轴承研究的关键技术点集中在轴承润滑结构、轴承滚道、轴承接触面等（表 3-1）。

表 3-1　高端轴承 TOP 10 专利 IPC 排名

排名	专利公开量 / 件	IPC	IPC 类目含义
1	2628	F16C-0033/66	润滑的特殊部件或零件
2	2225	F16C-0033/58	轴承滚道：轴承套圈
3	1422	F16C-0033/78	滚珠或滚子轴承的带有隔膜、盘或环，有或无弹性元件
4	1228	F16C-0033/10	和润滑有关的滑动面
5	928	F16C-0033/12	滑动接触轴承的黄铜轴衬或瓦轴或衬套，结构的成分，应用特殊材料或表面处理，如为了防锈
6	913	F16C-0033/62	轴承滚道或轴承套圈的材料
7	799	F16C-0032/04	采用磁力或电支撑装置的轴承
8	780	F16C-0032/06	滑动接触轴承的黄铜轴衬或瓦轴或衬套，主要由金属制成的滑动面
9	776	F16C-0037/00	轴承单元的支架、外壳等
10	772	F16C-0033/32	滚珠

从专利的德温特高端轴承 TOP 10 手工代码排名来看，汽车轴承居第 1 位，共公开专利 4285 件；其次是齿轮、轴承表面和类似接头，共公开专利 2301 件，居第 3 位的是轴承的冷却和润滑装置，共公开专利 1871 件。另外，滚子轴承、球轴承、滑动接触轴承、滑动轴承、机械能处理装置、冶金轧机配件和轴承制造与测试也均为受到关注的领域（表 3-2）。

表 3-2　高端轴承 TOP 10 手工代码排名

排名	专利公开量 / 件	手工代码①	手工代码类目含义
1	4285	Q62-G08	汽车轴承
2	2301	A12-H03	齿轮、轴承表面和类似接头
3	1871	Q62-G09	轴承的冷却和润滑装置
4	1415	Q62-G02C	滚子轴承
5	1386	Q62-G02A	球轴承
6	1348	Q62-G01	滑动接触轴承
7	1107	Q62-G02	滚动轴承
8	815	V06-M10	机械能处理装置
9	718	M21-A02	冶金轧机配件
10	612	Q62-M	轴承制造与测试

　　从图 3-4 高端轴承手工代码 TOP 10 国家、地区及国际组织各项技术分布占比可见，Q62-G08（汽车轴承）、A12-H03（齿轮、轴承表面和类似接头）、V06-M10（机械能处理装置）、Q62-G02C（滚子轴承）、Q62-M（轴承制造与测试）等是各个国家都比较关注的领域。除了苏联仅关注了 3 个领域外，其他各国、地区及国际组织在高端轴承研究上关注的领域都较为相近。

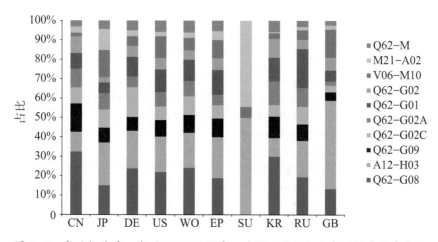

图 3-4　高端轴承手工代码 TOP 10 国家、地区及国际组织各项技术分布占比

① 手工代码是指德温特手工代码，下同。

由此可见，汽车轴承由于应用环境恶劣、部位功能多且特殊、可靠性要求高和用量大等原因，技术含量较高，这就解释了目前国内高端轴承领域许多看似并不复杂的轴承，国产甚少的原因。另外，轴承表面处理技术是高端轴承制造的主要关键技术之一，包括处理用材料和工艺等方面，其主要是增强滚道抗磨性和轴承抗腐性两个方向。

3.1.4 专利权人分析

通过对公开专利量进行排名后得到高端轴承 TOP 10 的专利权人排名，如图 3-5 所示，在 TOP 10 的专利权人中有 7 家公司来自日本，可见日本的轴承工业发展速度快、规模大，成了世界轴承强国。其中日本精工株式会社（NSK）公开专利量达 1819 件，遥遥领先于其他轴承企业，该企业轴承广泛应用于电机、齿轮装置、机床、矿山机械、工程机械、摩托车、办公室设备、造纸机械、泵及压缩机、冶金及风力发电机等各领域；其次为日本恩梯恩（NTN），该公司公开专利量达 1266 件，该公司轴承广泛应用于轨道卫星、航空、铁道与汽车、造纸设备、办公设备与食品机械等各领域。居第 3 位的是日本捷太格特（JTEKT），共公开专利 607 件，该企业轴承应用于半导体 / FPD/ 高性能薄膜、建设 / 运输 / 农业机械、机床、再生能源、炼钢设备、汽车、医疗设备、飞机、有轨电车、办公 / 家用 / 娱乐等领域。位居第 4 和第 5 位的德国舍弗勒（Schaeffler）和斯凯孚（SKF）差距不大，专利公开量仅相差 31 件。日本松下公司、日本三菱重工、德国西门子等并非以轴承著称的企业，也在该领域投入了较大的科研力量。

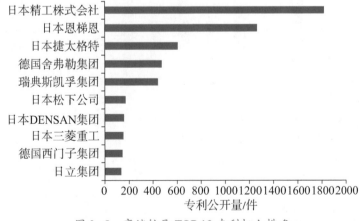

图 3-5　高端轴承 TOP 10 专利权人排名

由此可见，日本是名副其实的轴承大国和强国，而我国虽然近年专利总数不少，但由于历史较短，且分散在众多企业，集中度不高，这也是高端轴承举步维艰的原因之一。

3.1.5　近三年技术发展趋势分析

通过对近三年（2018—2020 年）首次使用和不再使用的主题词（以德温特手工代码聚类）来分析该领域全球变化趋势，近三年首次使用的主题有 M21-A02A1（轧机机架、部件）、Q61-A07A（锁定紧固件）、P53-V05C（钨及其合金）等，而近三年不再出现的主题词有 T03-N01（唱片）、T03-F02C3C（数据记录载体光盘的传动轴承）、M27-B04S（含硅、钠或硫的钢合金）、T04-G04（光学打印机）、T04-G04A2（光学打印机驱动系统）等（表 3-3）。

表 3-3　近三年（2018—2020 年）全球技术主题词 TOP 5

近三年首次使用的 主题词	代码含义	近三年不再出现 的主题词	代码含义
M21-A02A1 [10]①	轧机机架、部件	T03-N01 [167]	唱片
Q61-A07A [10]	锁定紧固件	T03-F02C3C [109]	数据记录载体光盘等的传动轴承
P53-V05C [9]	钨及其合金	M27-B04S [58]	含硅、钠或硫的钢合金
P86-E05E [8]	消声和掩蔽	T04-G04 [55]	光学打印机
P43-B99 [8]	其他普通清洁	T04-G04A2 [51]	光学打印机驱动系统

由此可见，高端轴承制造技术随着主机诞生或主机要求性能提升而诞生或被重视，随着性能达到后而不被重视。

3.1.6　全球专利公开量趋势预测

利用 Excel 趋势线对全球专利公开量进行简单的回归分析得到全球高端轴承专利公开量预测趋势，如图 3-6 所示。使用多项式拟合，发现全球专利公开量和公开年份符合该多项式的拟合趋势，在该趋势中将年份看成 x，将

---

① 方括号中的数字代表该主题词中的专利数量，余同。

专利公开量看成 y，则这两者符合 $y=-5E\text{-}07x^6 + 0.0056x^5 - 27.435x^4 +72273x^3 - 1E\text{+}08x^2 + 8E\text{+}10x -3E\text{+}13$ 的关系。通过对该曲线的可信度（R）指标来展示该曲线的可信度，R 是一个 0～1 数值，当该数值越靠近 1 则代表该曲线的可信度更高。通过对年份 – 专利趋势曲线分析发现 R^2=0.968，接近 1，故该曲线具有一定的可信度，从该发展趋势也可以得知，今后 3～5 年全球高端轴承专利公开数量会出现略有下降的趋势，今后 3～5 年专利公开量可能会达不到 2020 年那么多，但是总量不会下降太多，与 2018—2020 年的专利公开量差不多。

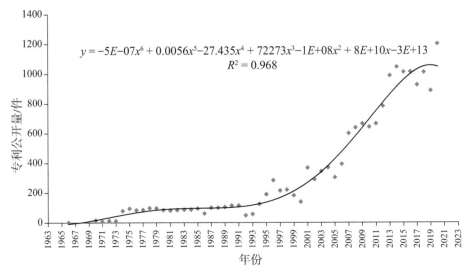

图 3-6　全球高端轴承专利公开量预测趋势

3.2　中国专利分析

3.2.1　专利公开趋势分析

中国高端轴承专利起源于 20 世纪末，1990 年首次公开了 2 件轴承专利；1990—2003 年中国轴承技术处于缓慢发展阶段，专利公开最多的年份（2003 年）仅公开了 8 件，这与我国社会经济发展存在密不可分的联系。这一时期我国经济体制尚处在不断深化改革中，20 世纪 80 年代初，我国第二产业的增加值就一直在下降，特别是 1990 年达到了最低点（41.3%），1997 年又遭遇了亚洲金融危机，所以这一时期中国的产业结构还在不断地调整和深化，高端轴承行业的发展尚处于起步阶段（图 3-7）。

2006 年之后，中国高端轴承专利公开量呈上升趋势，特别是 2006—2013 年，专利公开量与日俱增，呈直线上升的态势，这一时期我国同样也处在一个经济快速发展的时期，工业化进程加快，第二产业投入增加，第二产业对国内生产总值的贡献率逐步提升，第二产业的发展也揭示了高端轴承行业的发展，这一时期轴承行业研发能力不断提升，夯实了轴承研究的创新基础，提升了创新绩效。

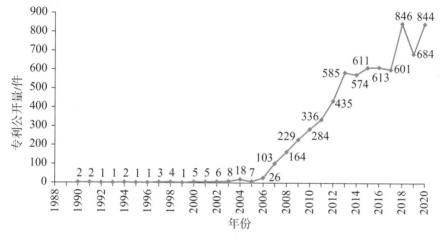

图 3-7　中国高端轴承专利公开量趋势

2014—2017 年，中国轴承行业每年专利公开量都保持在 600 件左右，高端轴承行业的发展进入稳定期，这一时期中国工业利润实现了快速增长，如 2017 年全国规模以上工业利润前三季度就同比增长了 14.7%，这一段轴承行业的发展为今后的高端轴承行业提供了优化的创新过程和变革了创新模式。

2018—2020 年，中国轴承行业发展又进入了新阶段，这一期间高端轴承专利公开量又有了量的飞跃，2018 年专利公开量达到了 846 件；2019 年有所下降但也有 684 件；2020 年又达到了 844 件，由于数据收集的时间还未到 2020 年 12 月底，故预计 2020 年专利公开量将不止 844 件，会超过 2018 年的数据。目前高端轴承行业的发展正处于高速发展和稳步发展的黄金时期。

由此可见，我国高端轴承制造技术研究的起步与国外相比整整晚了 30 年，但起步后并未出现一段平稳增长期，而是直接进入了快速增长期，给人功底不够特别扎实、拔苗助长的感觉。

3.2.2 专利来源区域分析

从专利来源区域可知日本、美国、韩国、苏联、世专局等国家、地区及国际组织均在中国公开轴承相关的专利，其中日本在中国公开的专利最多，达到了 24 件，但整体而言，在中国公开专利最多的依然是国内专利发明人（图 3-8）。

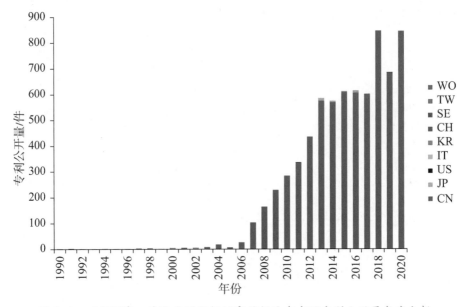

图 3-8 不同国家、地区及国际组织高端轴承在中国专利公开量年度分析

3.2.3 关键技术分析

通过对专利的德温特手工代码（DWPI）和国际专利（IPC）分类号进行统计分析可以了解中国在高端轴承领域涉及的技术和重点。

通过 IPC 分类号统计分析可知，中国高端轴承领域最关注的技术是轴承滚道：轴承套圈（F16-0038/58），共公开专利 1407 件；居第 2 位的技术为润滑的特殊部件或零件（F16C-0033/66），共公开专利 1042 件；居第 3 位的技术为滚珠或滚柱轴承的带有隔膜、盘或环，有或无弹性元件（F16C-0033/78），共公开专利 801 件，其他中国高端轴承领域还较为关注的技术专利有轴承冷却；轴承单元的支架、外壳；轴承保持架；采用磁力或电支撑装置的轴承；黄铜，衬套、衬里；单列轴承滚珠和滑动接触轴承的黄铜轴衬或瓦轴或衬套，主要由金属制成的滑动面等（表3-4）。

表3-4　中国高端轴承 TOP 10 专利 IPC 排名

排名	IPC	专利量 / 件	IPC 类目含义
1	F16C-0033/58	1407	轴承滚道：轴承套圈
2	F16C-0033/66	1042	润滑的特殊部件或零件
3	F16C-0033/78	801	滚珠或滚柱轴承的带有隔膜、盘或环，有或无弹性元件
4	F16C-0037/00	539	轴承冷却
5	F16C-0035/00	375	轴承单元的支架、外壳
6	F16C-0033/38	348	轴承保持架
7	F16C-0032/04	339	采用磁力或电支撑装置的轴承
8	F16C-0033/04	290	黄铜、衬套、衬里
9	F16C-0019/16	289	单列轴承滚珠
10	F16C-0032/06	287	滑动接触轴承的黄铜轴衬或瓦轴或衬套，主要由金属制成的滑动面

通过对德温特手工代码的统计分析可以看出，对汽车轴承（Q62-G08）的申请量居第1位，共申请专利2834件；居第2位的是轴承的冷却和润滑装置（Q62-G09），共申请专利1260件；居第3位的是齿轮、轴承表面和类似接头（A12-H03），共申请专利916件。此外，球轴承、滚子轴承、滑动接触轴承申请专利量均在500件以上，其他轴承方面、冶金轧机配件和轮毂申请专利量均在200件以上（表3-5）。

表3-5　中国高端轴承 TOP 10 专利手工代码排名

排名	手工代码	专利量 / 件	手工代码类目含义
1	Q62-G08	2834	汽车轴承
2	Q62-G09	1260	轴承的冷却和润滑装置
3	A12-H03	916	齿轮、轴承表面和类似接头
4	Q62-G02A	840	球轴承
5	Q62-G02	753	滚动轴承
6	Q62-G02C	730	滚子轴承
7	Q62-G01	701	滑动接触轴承

（续表）

排名	手工代码	专利量/件	手工代码类目含义
8	Q62–G99	299	其他轴承
9	M21–A02	293	冶金轧机配件
10	Q11–A04	277	轮毂

通过对中国高端轴承 TOP 10 专利手工代码的年度分布可知，A12–H03
（齿轮、轴承表面和类似接头）是中国从 2007 年以来一直都较为关注的领域；
Q62–G08（汽车轴承）是 2015 年以来的研究热点，特别是 2020 年对该领域
的研究占比最高，专利公开量达 669 件；Q62–G09（轴承的冷却和润滑装置）
同样也是 2015 年以来的研究热点，而且研究占比也较高，专利公开数量也较
多；而 M21–A02（冶金轧机配件）在 2010 年时公开专利的数量最多，近几
年则有减少的趋势（图 3-9）。

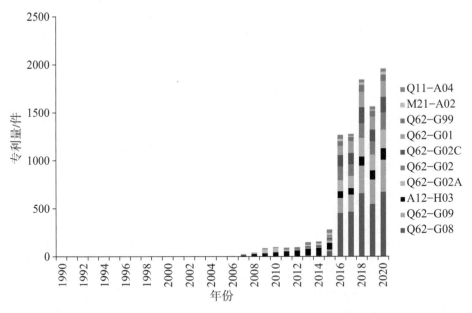

图 3-9　中国高端轴承 TOP 10 专利手工代码年度分布

从基于国家、地区及国际组织在中国高端轴承领域的技术占比可知，其
他国家、地区及国际组织在中国公开专利的主要研究方向，日本在 Q62–G08
（汽车轴承）、Q62–G09（轴承的冷却和润滑装置）、A12–H03（齿轮、轴
承表面和类似接头）、Q62–G02A（球轴承）、Q62–G02（滚动轴承）、Q62–

G02C（滚子轴承）、Q62-G01（滑动接触轴承）、Q62-G99（其他轴承）及 Q11-A04（轮毂）；美国在 Q62-G08（汽车轴承）领域和 Q62-G02（滚动轴承）领域。韩国重点研究领域为 Q11-A04（轮毂）。整体而言，Q62-G08（汽车轴承）是各个国家都较为关注的领域，中日两国关注的内容较为相近，其他国家、地区及国际组织在中国公开的专利量较少（图3-10）。

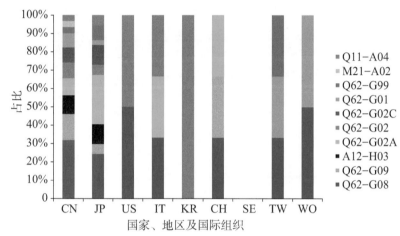

图 3-10　国家、地区及国际组织在中国高端轴承领域的技术占比

3.2.4　专利权人分析

通过对中国高端轴承 TOP 10 专利人公开专利量排名分析可知，位居首位的是洛阳轴研科技股份有限公司，共有公开专利73件，该公司是中国机械工业集团有限公司所属的控股上市公司，具有先进的轴承制造装备和测试仪器。居第2位的是瓦房店集团有限公司，共有公开专利65件，该企业同样也具有较强的科研实力，其主导产品包括重大技术装备配套轴承、轨道交通轴承、汽车车辆轴承、军事装备轴承等。居第3位的是 NSK 和无锡第二轴承集团有限公司，日本精工株式会社 NSK 是日本的轴承先锋，开发和提供各类轴承，是日本轴承领域发展最好的企业，同时在全世界轴承领域也位居前列；无锡第二轴承集团则是一家以生产深沟球轴承、角接触轴承、低噪声电机（空调）轴承、圆柱滚子轴承、圆锥滚子轴承、汽车轮毂轴承，以及各类外球面球轴承、英制轴承、非标轴承、凸缘外圈轴承和不锈钢轴承的生产型企业。此外，上海大学、江苏大学两所高校同样有较为可观的高端轴承研究相关专利产出（图3-11）。

图 3-11 中国高端轴承 TOP 10 专利权人公开专利量排名

3.2.5 近三年技术发展趋势分析

对近三年（2018—2020 年）的技术主题（以德温特手工代码聚类）分析发现，中国近三年最关注的领域为 M21-A02A1（轧机机架、部件），该领域属于机械加工大类；其次为 P43-B99（其他普通清洁），该领域较为笼统，是废物处理、清洁、分类的补充。Q63-E01A（螺旋弹簧）、L02-A04（耐火材料、陶瓷、水泥制造—烧制、热挤压）、P86-E05E（消声和遮蔽）等领域同样也是近几年引起中国企业关注的领域。Q62-X（其他未规定的轴或轴承）、X11-H09（其他机电）、Q41-M（制造）、A05-H02［聚甲醛聚合物（缩醛树脂）］、X11-J01A（固定部件）等则是近几年不太关注的领域（表 3-6）。

表 3-6 近三年（2018—2020 年）中国技术主题词 TOP 5

近三年首次使用的主题词	代码含义	近三年不再出现的主题词	代码含义
M21-A02A1 [10]	轧机机架、部件	Q62-X [12]	其他未规定的轴或轴承
P43-B99 [9]	其他普通清洁	X11-H09 [12]	其他机电
Q63-E01A [7]	螺旋弹簧	Q41-M [10]	制造
L02-A04 [7]	耐火材料、陶瓷、水泥制造-烧制、热挤压	A05-H02 [9]	聚甲醛聚合物(缩醛树脂)
P86-E05E [6]	消声和遮蔽	X11-J01A [8]	固定部件

3.2.6　中国专利公开量趋势预测

利用 Excel 趋势线对中国高端轴承专利公开量进行简单的回归分析得到中国高端轴承专利公开量预测趋势，如图 3-12 所示。通过对历年中国公开专利量进行拟合后发现年份和专利公开量存在一个多项式拟合趋势，将年份看成 x，将专利公开量看成 y，则这两者符合 $y = 8E-05x^6-1.0159x^5+5092.5x^4-1E+07x^3 + 2E+10x^2-2E+13x+5E+15$ 的关系，通过对年份－专利趋势曲线的分析发现 $R^2=0.9826$，接近 1，故该曲线具有一定的可信度。

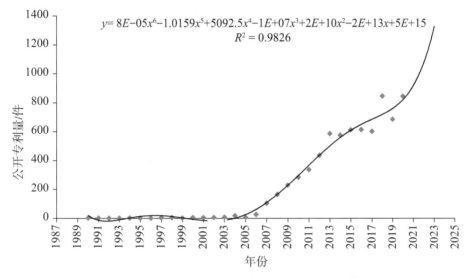

图 3-12　中国高端轴承专利公开量预测趋势

从该发展趋势可以看出，今后 3~5 年中国高端轴承专利公开量依然呈现一种上升的趋势，且上升趋势十分明显，说明中国高端轴承行业未来的发展势头足、前景好、速度快。

第4章 国外主要高端轴承企业专利分析

4.1 瑞典斯凯孚（SKF）

4.1.1 专利公开趋势分析

图 4–1 为 SKF 公开专利量年度变化情况，截至 2020 年 10 月，该公司高端轴承专利公开量达 437 件。该公司在 2012 年以前专利数量较少，每年均不足 15 件。2010—2016 年，专利公开量总体呈增加趋势；2013 年增长速度最快，比 2012 年多 11 件；2016 年的专利公开量最大，达 47 件。2017 年公开专利数量突然减少，共减少了 34 件，2017—2019 年又呈现小幅上升趋势，2019 年公开专利 22 件。

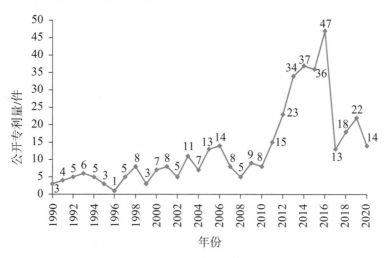

图 4–1 SKF 公开专利量年度变化情况

4.1.2　主要发明人和团队分析

从 SKF 专利主要发明人和团队来看，Armin、Benot、Angelo、Jesko-Henning、Hans 这 5 个人的专利发明量位列前五，其中 Armin 的专利量最多共达到了 15 件；Benot 和 Angelo 居并列第 2 位，共有 14 件；Jesko-Henning 和 Hans 居并列第 4 位，共有 12 件（图 4-2）。

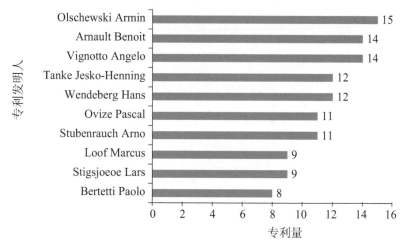

图 4-2　SKF 专利主要发明人和团队分析

4.1.3　专利国际布局分析

从专利国际布局来看，瑞典斯凯孚（SKF）的专利主要布局于德国（158件），占比 36.16%；位居第二的是世专局（94 件），占比 21.51%；位居第三的是欧专局（78 件），占比 17.85%。此外，在美国布局 48 件，法国布局 27件，英国布局 14 件，在其余国家的专利布局量不到 10 件，但相对其他公司，SKF 海外专利布局广泛，对国外市场非常看重，在本国布局专利量仅 6 件，98.6% 的专利都是在国外公开的（表 4-1）。

表 4-1　SKF 专利的国际布局

国家、地区及国际组织代码	布局专利量 / 件	占比
DE	158	36.16%
WO	94	21.51%
EP	78	17.85%

（续表）

国家、地区及国际组织代码	布局专利量/件	占比
US	48	10.98%
FR	27	6.18%
GB	14	3.20%
SE	6	1.37%
CN	4	0.92%
JP	3	0.69%
NL	2	0.46%

4.1.4　核心专利分析

对 SKF 所有高端轴承专利根据被引频次高低进行排序，该公司被引频次达到或超过 15 次的公开专利如表 4-2 所示。

表 4-2　SKF 核心专利

公开号	公开日期	被引频次	公开号	公开日期	被引频次
EP 626468A1	1994-11-30	53	WO 2002097289A1	2002-12-05	19
EP 736398A2	1996-10-09	53	WO 2011050837A1	2011-05-05	18
DE 102009014923A1	2010-09-30	34	WO 2015032449A1	2015-03-12	18
DE 102007061193A1	2009-06-18	29	EP 794072A2	1997-09-10	17
US 20030099419A1	2003-05-29	28	EP 1447240A2	2004-08-18	17
WO 2010043249A1	2010-04-22	28	DE 3341970A1	1984-06-20	16
DE 20012666U1	2001-01-18	27	WO 1992001097A1	1992-01-23	16
DE 10043936A1	2002-04-04	25	EP 851140A2	1998-07-01	16
WO 2010066293A1	2010-06-17	24	WO 2001054925A1	2001-08-02	16
DE 3930280A1	1991-03-28	23	WO 2011000390A1	2011-01-06	16
EP 610782A1	1994-08-17	23	DE 2206237A1	1973-08-23	15
DE 202004001454U1	2004-05-06	22	DE 4133813A1	1993-04-22	15
EP 783980A1	1997-07-16	20	DE 4215905A1	1993-11-18	15

瑞典斯凯孚（SKF）的专利总体被引频次都较高，其中专利被引频次达到或超过 15 次的共有 26 件，被引频次达到或超过 20 次的共有 13 件，被引频次超过 30 次的共有 3 件。这些专利均可视为核心专利，其中专利 EP 626468A1 被引频次达到了 53 次，该专利是由 Beswick John Michael、Kerrigan Aidan Michael 和 Slycke Jan Ture 等发明的，名为 "Carbon itridation of（low alloy）steel for vehicle bearings to economically enhance static capacity, toughness and fatigue strength without further alloying"，该专利主要内容为汽车轴承的碳氮共渗。

4.1.5　专利影响力分析

通过领域影响力、战略重要性和综合专利影响力指标可以评估专利的相对强度和重要性，这 3 个指标可以从 3 个方面揭示专利的重要性，具体内容如下：

① 领域影响力，这件专利对其所属的技术领域具有怎样的重要性；

② 战略重要性，这件专利对其所有者具有怎样的重要性；

③ 综合专利影响力，综合上述指标，与其他专利相比，这件专利的重要性程度。

通过对 SKF 专利的影响力分析发现，专利 US 20160091017A1 的综合影响力、战略重要性和领域影响力均较高，分别为 9.22、7.49、9.43，在该公司专利综合影响力，战略重要性和领域影响力中分位居第 1 位、第 3 位和第 1 位，但该专利的被引频次不高，仅为 9 次（表 4-3 至表 4-5），该专利是由 Mueller Thomas 和 Elk Grove Village 共同发明的，名为 "Bearing assembly for supporting pivotable element, for use in helicopter rotors, comprises laminated bearing including generally cylindrical body, and thermally conductive element which is coupled with axial ends of one of metallic laminae"，该专利主要内容为使用于直升机上的轴承装置。

表 4-3　SKF 专利按综合影响力排名（TOP 5）

公开号	公开日期	被引频次	综合影响力	战略重要性	领域影响力
US 20160091017A1	2016-03-31	9	9.22	7.49	9.43
US 20120027335A1	2012-02-02	7	8.51	4.25	9.43

（续表）

公开号	公开日期	被引频次	综合影响力	战略重要性	领域影响力
US 20150275971A1	2015−10−01	5	7.79	5.87	8.10
US 20030099419A1	2003−05−29	28	7.43	4.25	8.10
WO 2015032449A1	2015−03−12	18	7.43	26.97	1.89

表4-4　SKF专利按战略重要性排名（TOP 5）

公开号	公开日期	被引频次	综合影响力	战略重要性	领域影响力
WO 2015032449A1	2015−03−12	18	7.43	26.97	1.89
WO 2015032445A1	2015−03−12	12	3.86	10.74	1.89
US 20160091017A1	2016−03−31	9	9.22	7.49	9.43
US 20160186811A1	2016−06−30	3	3.86	7.49	2.78
US 20170087934A1	2017−03−30	2	3.86	7.49	2.78

表4-5　SKF专利按领域影响力排名（TOP 5）

公开号	公开日期	被引频次	综合影响力	战略重要性	领域影响力
US 20160091017A1	2016−03−31	9	9.22	7.49	9.43
US 20120027335A1	2012−02−02	7	8.51	4.25	9.43
US 20150275971A1	2015−10−01	5	7.79	5.87	8.10
US 20030099419A1	2003−05−29	28	7.43	4.25	8.10
US 20150098670A1	2015−04−09	9	6.72	1.0	8.10

4.1.6　关键技术分析

专利地图可以用来展示专利文献的相似性和接近程度。专利地图的主要
用途是通过在专利地图上对类似记录进行分组，来帮助分析大型数据集。内
容相似的记录在专利地图上形成"高峰"，山峰的高度代表记录密度；山峰
越高表示记录越多。每个山峰都有一个深黑色的标签，表示该区域的关键
词。山峰之间的距离表示这些区域中记录之间的关系。聚集在一起的高峰内
容类似，由一个浅灰色的标签表示。

通过对SKF专利中的主题进行聚类分析发现,Sleeve Portion（套筒部分）、
Wheel Hub（轮毂）、Hardness（硬度）、Slide Surface（滑动面）、Ring Element

（环形部分）、Side Ring（边环）、Lubrication Device（润滑装置）等主题是该企业的技术热点研究领域（图 4-3）。

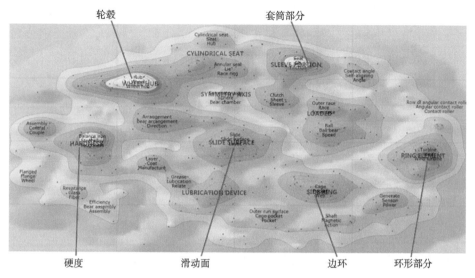

图 4-3　SKF 技术热点领域分布

针对主题进行分析之后，发现高频词如下。

通过对主题的高频词分析后发现，Ball（球）在专利中出现次数最多，在 100 件专利中出现；其次为 Wheel（车轮），共在 93 件专利中出现；Speed（速度）出现次数位居第三，共在 76 件专利中出现。另外，Race 出现了 68 次，与该词汇组成的词组 Outer Race（外滚道）、Inner Race（内滚道）出现的频次也较高，分别在 32 件和 21 件专利中出现。Wheel 和 Hub 组成的词组 Wheel Hub（轮毂）出现次数也较多（表 4-6）。

表 4-6　SKF 专利高频词

关键词	专利量 / 件	中文释义
Ball	100	球
Wheel	93	车轮
Speed	76	速度
Cage	75	保持架
Race	68	滚道

4.2 日本精工株式会社（NSK）

4.2.1 专利公开趋势分析

图 4-4 为 NSK 专利公开量年度变化情况，截至 2020 年 10 月，该公司高端轴承专利公开量达 1766 件。该公司在 1994 年以前专利数量较少，每年均不足 10 件。1990—2004 年，专利公开量总体呈增加趋势；1999 年增长速度最快，比 1998 年多 46 件专利；2004 年的专利公开量最大，达 144 件。此后专利公开量总体呈下降趋势，直到 2011 年，略微呈现增长趋势，专利公开量有所回升，总体来说，近 5 年呈较明显下降趋势。

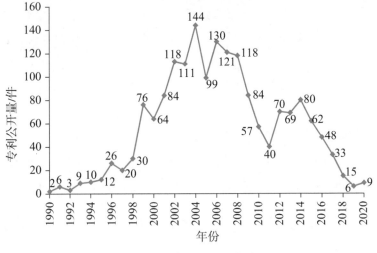

图 4-4　NSK 专利公开量年度变化

4.2.2 主要发明人和团队分析

从专利主要发明人和团队来看，NSK 公司中 Yoshiaki、Atsushi、Shunichi 这 3 个人申请的专利量居前三位，其中，Yoshiaki 申请的专利量最多，达 72 件，Atsushi 居第 2 位，共有 62 件，Shunichi 居第 3 位，共有 57 件（图 4-5）。

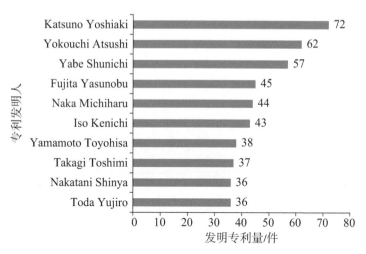

图 4-5　NSK 专利主要发明人和团队分析

4.2.3　专利国际布局分析

从专利国际布局来看，日本精工株式会社（NSK）的专利主要布局于日本（1548 件），占比达 87.66%；居第 2 位的是世专局（80 件），占比 4.53%；居第 3 位的是英国（44 件），占比 2.49%。从专利国际布局来看，该企业在日本本土的公开专利量远高于其他国家、地区及国际组织，对本国市场高度关注，海外专利布局关注度略弱（表 4-7）。

表 4-7　NSK 专利的国际布局

国家、地区及国际组织代码	布局专利量 / 件	占比
JP	1548	87.66%
WO	80	4.53%
GB	44	2.49%
US	29	1.64%
CN	21	1.19%
DE	12	0.68%

4.2.4　核心专利分析

对 NSK 所有高端轴承专利根据被引频次高低进行排序，该公司被引频次达到或超过 30 次的公开专利如表 4-8 所示。

表4-8　NSK核心专利

公开号	公开日期	被引频次	公开号	公开日期	被引频次
US 20030030565A1	2003-02-13	183	JP 2005008737A	2005-01-13	38
JP 2007040383A	2007-02-15	72	JP 2001152252A	2001-06-5	38
JP 2004003601A	2004-01-8	70	US 20010022869A1	2001-09-20	38
US 20020097040A1	2002-07-25	64	JP 2002161922A	2002-06-7	36
JP 2003322154A	2003-11-14	58	WO 2006043566A1	2006-04-27	34
JP 2003097588A	2003-04-3	53	GB 2235698A	1991-03-13	34
JP 10220482A	1998-08-21	47	GB 2258274A	1993-02-3	32
WO 2006078035A1	2006-07-27	45	DE 3304623A1	1983-08-18	32
JP 10299784A	1998-11-10	44	US 20010033706A1	2001-10-25	32
US 20060204156A1	2006-09-14	42	JP 2008121888A	2008-05-29	31
JP 2003176831A	2003-06-27	40	JP 2002147463A	2002-05-22	30
JP 2009287074A	2009-12-10	39	JP 2006342901A	2006-12-21	30

　　日本精工株式会社（NSK）的专利被引频次都较高，其中专利被引频次达到或超过20次的共有61件，达到或超过30次的共有24件，达到或超过40次的共有11件。由表4-8可以看出，有6件专利被引频次超过50次，这些专利均可视为核心专利，其中专利 US 20030030565A1 被引频次达183次，该专利是由 Sakatani Ikunori、Morita Kouichi 和 Takizawa Takeshi 等发明的，名为"Wireless sensor for rolling bearing, has signal processor which processes multiplexed signal output from detection unit"，该专利是用于滚动轴承的无线传感器，具有信号处理器，用于处理来自检测单元的多路复用信号输出，属于智能轴承领域。

　　通过对 NSK 专利的影响力分析发现，不论是在该专利所属的技术领域，还是对其所有者而言，专利 US 20030030565A1 的重要性较高，但是该专利的战略重要性并在 TOP 5，专利 US 20020097040A1 则是3个指标都比较高的专利，该专利是由 Takizawa Takeshi、Endo Shigeru 和 Sakatani Ikunori 发明的，名为"Wheel rotation detecting device for controlling anti lock brake system or traction control system"，该专利的主要研究是一种控制防抱死制动系统或牵引力控制系统的车轮转动检测装置（表4-9至表4-11）。

表 4-9 NSK 专利按综合影响力排名（TOP 5）

公开号	公开日期	被引频次	综合影响力	战略重要性	领域影响力
US 20030030565A1	2003-02-13	183	64.26	4.25	78.69
US 20060204156A1	2006-09-14	42	29.95	1.00	36.96
US 20020097040A1	2002-07-25	64	15.65	5.87	17.87
US 20020097939A1	2002-07-25	26	9.58	4.25	10.77
US 20020019319A1	2002-02-14	16	8.15	2.62	9.43

表 4-10 NSK 专利按战略重要性排名（TOP 5）

公开号	公开日期	被引频次	综合影响力	战略重要性	领域影响力
WO 2006078035A1	2006-07-27	45	4.22	13.98	1.44
JP 2010001924A	2010-01-07	29	4.57	7.49	3.66
JP 2010209129A	2010-09-24	26	3.86	7.49	2.78
JP 2011196513A	2011-10-06	20	3.14	7.49	1.89
US 20020097040A1	2002-07-25	64	15.65	5.87	17.87

表 4-11 NSK 专利按领域影响力排名（TOP 5）

公开号	公开日期	被引频次	综合影响力	战略重要性	领域影响力
US 20030030565A1	2003-02-13	183	64.26	4.25	78.69
US 20060204156A1	2006-09-14	42	29.95	1.00	36.96
US 20020097040A1	2002-07-25	64	15.65	5.87	17.87
US 20020097939A1	2002-07-25	26	9.58	4.25	10.77
US 20050232523A1	2005-10-20	8	8.15	1.00	9.88

通过对日本精工株式会社（NSK）专利中的主题进行聚类分析发现，Hot Rolling Mill（热轧机）、Base Oil（基础油）、Chromium（铬）、Slider（滑块）、Drive Wheel（驱动轮）、Industrial Machine Apparatus（工业机器设备）等主题是该企业的技术热点研究领域（图 4-6）。

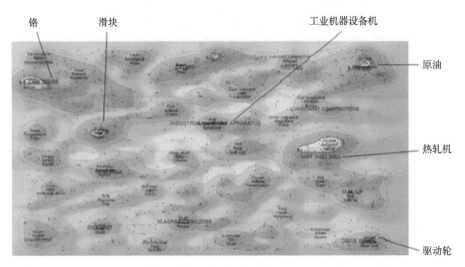

图 4-6 NSK 技术热点领域分布

通过对主题的高频词分析后发现，Carbon（碳）在专利中的出现次数最多，涉及碳化物球化、细化，渗碳、碳氮共渗等领域，共在 197 件专利中出现；其次是 Base Oil（基础油），涉及润滑脂领域，共在 177 件专利中出现，再次是 Grease Composition（油脂成分），共在 121 件专利中出现。而 Thicken Agent（增强剂）出现次数在也较多，在 110 件专利中出现，涉及润滑剂、滚道表面强化、心部抗冲击韧性等（表 4-12）。

表 4-12　NSK 专利高频词

关键词	专利量 / 件	中文释义
Carbon	197	碳
Base Oil	177	基础油
Grease Composition	121	油脂成分
Thicken Agent	110	增强剂
Silicon	108	硅

4.3　日本捷太格特（JTEKT）

4.3.1　专利公开趋势分析

图 4-7 为日本捷太格特（JTEKT）专利公开量年度变化情况，可以看出，截至 2020 年 10 月，日本捷太格特（JTEKT）高端轴承专利公开量达 606 件。该公司在 1994 年以前专利数量较少，每年均不足 10 件。1994—2000 年，专利公开量波动较大，其中 1994—1996 年专利公开量增长最快，专利公开量最多的年份为 2014 年，共公开专利 39 件。

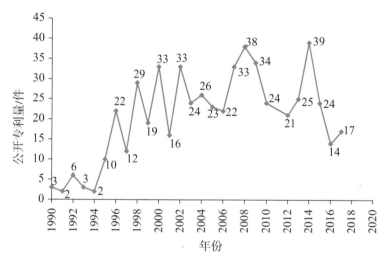

图 4-7　JTEKT 专利公开量年度变化情况

4.3.2　主要发明人和团队分析

从 JTEKT 专利主要发明人和团队来看，Kazunori、Kazuhisa 和 Hiroshi 这 3 个人的专利发明量位居前三，其中 Kazunori 申请的专利量最多，共有 24 件；Kazuhisa 位居第二，共有 20 件；Hiroshi 位居第三，共有 18 件（图 4-8）。

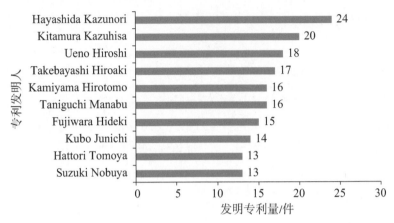

图 4-8　JTEKT 专利主要发明人和团队分析

4.3.3　专利国际布局分析

从专利国际布局来看，日本捷太格特（JTEKT）的专利主要布局于日本（476 件），占比 78.55%；居第 2 位的是欧专局（46 件），占比 7.5%；居第 3 位的是世专局（35 件），占比 5.78%。从专利国际布局来看，JTEKT 在日本、欧盟、美国及德国均有布局，但以日本为主，可见其更关注本国市场（表 4-13）。

表 4-13　JTEKT 专利的国际布局

国家、地区及国际组织代码	专利量 / 件	占比
JP	476	78.55%
EP	46	7.59%
WO	35	5.78%
US	32	5.28%
DE	14	2.31%
FR	2	0.33%
GB	1	0.17%

4.3.4　核心专利分析

对 JTEKT 所有高端轴承专利根据被引频次高低进行排序，该公司被引频次达到或超过 20 次的公开专利如表 4-14 所示。

表 4-14　JTEKT 核心专利

公开号	公开日期	被引频次	公开号	公开日期	被引频次
US 4597677A	1986-07-01	57	JP 2003214465A	2003-07-30	25
JP 11201149A	1999-07-27	46	JP 10019045A	1998-01-20	25
JP 2008121817A	2008-05-29	42	US 20070071382A1	2007-03-29	24
EP 526903A1	1993-02-10	38	EP 492660A1	1992-07-01	24
EP 458646A1	1991-11-27	35	JP 2005028467A	2005-02-03	24
US 20020064327A1	2002-05-30	34	WO 1994003565A1	1994-02-17	23
JP 2004108403A	2004-04-08	32	JP 2004052785A	2004-02-19	22
US 4770549A	1988-09-13	32	EP 248572A2	1987-12-09	21
US 5588751A	1996-12-31	29	US 5176456A	1993-01-05	20
US 3951475A	1976-04-20	28	JP 2007138963A	2007-06-07	20
EP 304872A2	1989-03-01	26			

　　日本捷太格特（JTEKT）的专利被引频次达到或超过 20 次的共有 21 件，被引频次超过 30 次的共有 8 件，被引频次超过 40 次的共有 3 件。从被引频次可以看出，该公司的专利被引频次比较高。其中专利 US 4597677A 被引频次高达 57 次，该专利是由 Hagiwara Yoshiyuki 和 Morishita Teru 发明的，名 为 "Leaf-type foil thrust bearing includes corrugated foils located in recesses, covered by top foils attached to thrust surface"，该专利的主要研究内容为关于叶型推力波箔轴承。

4.3.5　专利影响力分析

　　通过对 JTEKT 专利影响力分析发现，US 20070071382A1 专利的综合影响力、战略重要性和领域影响力均居前 5 位，且该专利的被引频次较高，为 34 次，该专利是由 Suzuki Kazuya 发明的，名为 "Rolling bearing apparatus for use in machine tool, has pump to suck oil in tank to discharge oil to lubricating oil discharge nozzle in discharge port, where opening direction of nozzle is inclined in air flow direction"。该专利的主要内容是关于机床用滚动轴承装置。专利 US 20110182536A1 的 3 个指标也较高，该专利是由 Matsuda Shinya 和 Teramoto Takeshi 发明的，名为 "Load detecting device for roller bearing used to support main shaft of wind power generator, has recording device which is provided for the roller and which records and stores detection signal from load detecting sensor",该专利的主要内容是关于支持风力发电机主轴的滚动轴承的加载检测设备（表 4-15 至表 4-17）。

表 4-15　JTEKT 专利按综合影响力排名（TOP 5）

公开号	公开日期	被引频次	综合影响力	战略重要性	领域影响力
US 20020064327A1	2002-05-30	34	11.01	2.62	12.99
US 20070071382A1	2007-03-29	24	9.58	9.11	9.43
US 20110182536A1	2011-07-28	14	9.58	5.87	10.32
US 20090036006A1	2009-02-05	13	9.58	2.62	11.21
JP 2008121817A	2008-05-29	42	6.36	2.62	7.22

表 4-16　JTEKT 专利按战略重要性排名（TOP 5）

公开号	公开日期	被引频次	综合影响力	战略重要性	领域影响力
WO 2010010897A1	2010-01-28	18	4.93	17.23	1.44
US 20070071382A1	2007-03-29	24	9.58	9.11	9.43
US 20140341492A1	2014-11-20	1	5.29	9.11	4.11
WO 2014175000A1	2014-10-30	12	4.22	7.49	3.22
US 20110182536A1	2011-07-28	14	9.58	5.87	10.32

表 4-17　JTEKT 专利按领域影响力排名（TOP 5）

公开号	公开日期	被引频次	综合影响力	战略重要性	领域影响力
US 20020064327A1	2002-05-30	34	11.01	2.62	12.99
US 20090036006A1	2009-02-05	13	9.58	2.62	11.21
US 20110182536A1	2011-07-28	14	9.58	5.87	10.32
US 20070071382A1	2007-03-29	24	9.58	9.11	9.43
JP 2008121817A	2008-05-29	42	6.36	2.62	7.22

4.3.6 关键技术分析

通过对日本捷太格特（JTEKT）专利中的主题进行聚类分析发现，Pillar Portion（支柱部分）、Connect Rod（连接杆）、Stir（搅拌）、Lip（密封唇）、Segment（片段）、Superconductor（超导体）、Hub（轮毂）、Craphite（石墨）、Signal（信号）等主题是该企业的技术热点研究领域（图 4-9）。

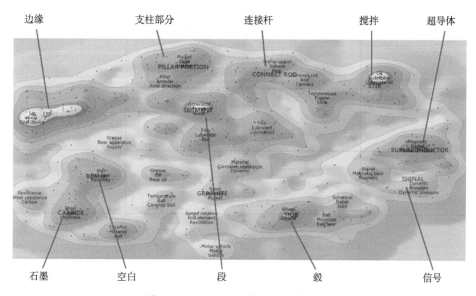

图 4-9 JTEKT 技术热点领域分布

针对主题进行分析之后，发现高频词如表 4-18 所示。

表 4-18 JTEKT 专利高频词

关键词	专利量	中文释义
Slide	114	滑动
Seal	111	密封
Lip	50	密封唇
Interval	50	间隙
Magnetic	43	磁

通过对主题的高频词分析发现，Slide（滑动）在专利中的出现次数最多，共在 114 件专利中出现；其次为 Seal（密封），在 111 件专利中出现；Lip（密封唇）出现次数居第 3 位，在 50 件专利中出现。

4.4 日本恩梯恩（NTN）

4.4.1 专利公开趋势分析

图 4-10 为日本恩梯恩（NTN）公开专利量年度变化，可以看到，截至 2020 年 10 月，NTN 高端轴承专利公开量达 1261 件。该企业在 1992 年以前专利数量较少，每年均不足 5 件。1992—2007 年，专利公开量虽每年都略有波动，但总体呈增加趋势，2007 年的专利公开量最大，比 2006 年多 72 件，达 157 件。此后几年专利公开量总体呈下降趋势；2014—2020 年，又呈稳步增长趋势。

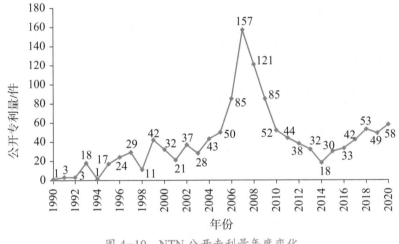

图 4-10 NTN 公开专利量年度变化

4.4.2 主要发明人和团队分析

从 NTN 的主要发明人和团队来看，Tatsuya、Kikuo、Takayuko 这 3 个人的专利发明量居前 3 位，其中 Tatsuya 的申请专利量最多，共有 42 件；Kikuo 居第 2 位，共有 40 件；Takayuko 居第 3 位，共有 31 件（图 4-11）。

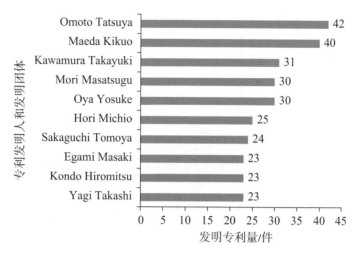

图 4-11　NTN 专利主要发明人和团队分析

4.4.3　专利国际布局分析

从专利国际布局来看，日本恩梯恩（NTN）的专利主要布局于日本（935 件），占比 74.09%；居第 2 位的是世专局（212 件），占比 16.80%；居第 3 位的是美国（42 件），占比 3.33%。该公司在日本本土的公开专利数量远高于其他国家、地区及国际组织，其对本国市场关注度更高，海外专利布局关注度略弱（表 4-19）。

表 4-19　NTN 公开专利国际布局

国家、地区及国际组织代码	专利量 / 件	占比
JP	935	74.09%
WO	212	16.80%
US	42	3.33%
DE	26	2.06%
EP	20	1.58%
FR	19	1.51%
GB	5	0.40%
CN	2	0.16%

4.4.4 核心专利分析

对 NTN 所有高端轴承专利根据被引频次高低进行排序，被引频次达到或超过 30 次的公开专利如表 4-20 所示。

表 4-20 NTN 核心专利

公开号	公开日期	被引频次	公开号	公开日期	被引频次
JP 2007055322A	2007-03-08	55	JP 2007062647A	2007-03-15	36
US 20030169951A1	2003-09-11	52	JP 2000110840A	2000-04-18	35
US 5073037A	1991-12-17	46	JP 9151946A	1997-06-10	35
JP 11170397A	1999-06-29	46	JP 2008064248A	2008-03-21	33
US 5200697A	1993-04-06	42	US 5607241A	1997-03-04	32
JP 5240251A	1993-09-17	40	JP 2008082380A	2008-04-10	32
JP 9042297A	1997-02-10	39	JP 2007092983A	2007-04-12	32
JP 2010159710A	2010-07-22	38	US 20050141798A1	2005-06-30	31
US 20020044707A1	2002-04-18	37	JP 2008303914A	2008-12-18	30
US 20050047694A1	2005-03-03	36	JP 2007232186A	2007-09-13	30

日本恩梯恩（NTN）的专利被引频次均较高，其中专利被引频次达到或超过 20 次的共有 59 件，达到或超过 30 次的共有 20 件，达到或超过 40 次的共有 6 件。从表 4-20 可以看出，有 2 件专利被引频次超过 50 次，这些专利均可视为该公司最核心的专利，其中专利 JP 2007055322A 被引频次达 55 次，该专利是由 Ozawa Hitohiro 发明、NTN 申请的，名为 "Bearing apparatus for drive wheels of motor vehicle, has stopper at internal surface of stem portion insertion hole of hub ring, to control position of stem portion of coupling outer ring with respect to hub ring"，该专利的主要研究内容是用于摩托车驱动轮的轴承装置。

4.4.5 专利影响力分析

通过对 NTN 专利的影响力分析发现，不论是在该专利所属的技术领域，还是对其所有者而言，专利 US 20030169951A1 的综合影响力和领域影响力都非常高，而专利 US 20070280575A1、US 20090245706A1 无论是综合影响力、战略重要性，还是领域影响力这 3 个指标都较高（表 4-21 至表 4-23）。
其中，US 20070280575A1 是由 Obayashi 和 Yamamoto 发明、NTN 申请的，
名　为 "Thrust roller bearing for use in e.g. automatic transmission, has retainer
with outer flange part bent in rotation axis direction, where inner surface of part
forms outer wall surface of pocket, which is processed by ironing"，该专利主要
内容为一种在严苛环境中使用的推力滚子轴承，如用于混合动力汽车、自动
变速器、手动变速器、空调压缩机等设备中。US 20090245706A1 是由 Akai
等发明、NTN 申请的，名为 "Rolling bearing used for jet engine of aircraft,
comprises race component containing steel and having surface in contact with cage
containing rolling elements, and anti-seizure layer"，该专利的主要内容为用于
飞机喷气发动机和涡轮风扇发动机的滚动轴承。

表 4-21　NTN 专利按综合影响力排名（TOP 5）

公开号	公开日期	被引频次	综合影响力	战略重要性	领域影响力
US 20030169951A1	2003-09-11	52	12.79	2.62	15.21
US 20070280575A1	2007-12-06	14	10.29	9.11	10.32
US 20090245706A1	2009-10-01	8	8.86	7.49	8.99
US 20090034887A1	2009-02-05	12	8.51	1.0	10.32
US 20050141798A1	2005-06-30	31	8.15	10.74	7.22

表 4-22　NTN 专利按战略重要性排名（TOP 5）

公开号	公开日期	被引频次	综合影响力	战略重要性	领域影响力
US 20040170348A1	2004-09-02	29	7.08	18.85	3.66
JP 2009180327A	2009-08-13	24	4.22	12.36	1.89
US 20050141798A1	2005-06-30	31	8.15	10.74	7.22
US 20070280575A1	2007-12-06	14	10.29	9.11	10.32
US 20090245706A1	2009-10-01	8	8.86	7.49	8.99

表 4-23　NTN 专利按领域影响力排名（TOP 5）

公开号	公开日期	被引频次	综合影响力	战略重要性	领域影响
US 20030169951A1	2003-09-11	52	12.79	2.62	15.21
US 20070280575A1	2007-12-06	14	10.29	9.11	10.32

（续表）

公开号	公开日期	被引频次	综合影响力	战略重要性	领域影响
US 20090034887A1	2009—02—05	12	8.51	1.0	10.32
JP 2010159710A	2010—07—22	38	8.15	2.62	9.43
US 20090245706A1	2009—10—01	8	8.86	7.49	8.99

4.4.6 关键技术分析

通过对恩梯恩（NTN）专利中的主题进行聚类分析发现，该公司专利主题集中在 Velocity（速度）、Annular Body（环形物）、Segment（分割）、Lip（密封唇）、Detect（探测）、Thicken Agent（增强剂）、Spindle Motor（主轴电机）等技术热点（图4-12）。

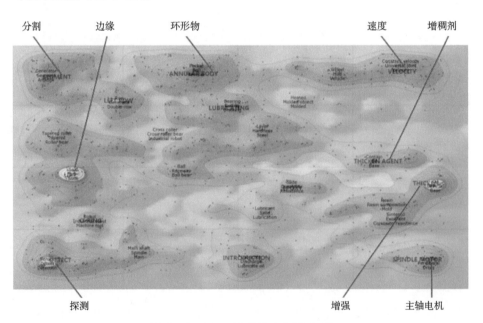

图4-12 NTN技术热点领域分布

针对主题进行分析之后，发现高频词如表4-24所示。

通过对主题的高频词分析后发现，Pillar（柱形）在专利中的出现频次最多，共在72件专利中出现；其次为 Segment（分割），共在57件专利中出现，Wind-Powered Generator（风力发电机）出现次数居第3位，共在53件专利中出现。说明 NTN 在圆柱滚子轴承和风力发电机轴承方面拥有较多的核心技术。

表 4-24 NTN 专利主题高频词

关键词	专利量 / 件	中文释义
Pillar	72	柱形
Segment	57	分割
Wind-Powered Generator	53	风力发电机
Shaft Support Structure	49	轴支撑结构
Velocity	49	速度
Hub Ring	48	轮毂圈
Lip	48	密封唇

4.5 日本美蓓亚（NMB）

4.5.1 专利公开趋势分析

图 4-13 为日本美蓓亚（NMB）公开专利量年度变化，可以看出，截至 2020 年 10 月，NMB 在高端轴承专利公开量达 114 件。1998 年以前，公开专利量较少，每年均不足 2 件；从 1999 开始，公开专利量总体呈增加趋势，但该公司整体公开专利量不多；最大公开量在 2015 年，有 12 件；近年的专利公开数量均不到 10 件。

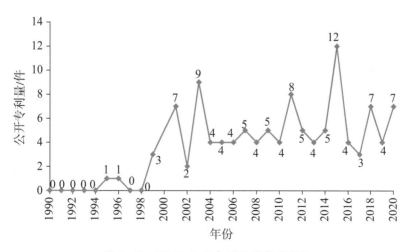

图 4-13 NMB 公开专利数量年度变化

4.5.2 主要发明人和团队分析

从 NMB 的主要发明人和团队来看，Andreas 公开的专利数量最多，为 12 件；其次为 Motoharu，公开专利 7 件；另外，Thomas、Rikuro、Paul 和 Nicholas 均公开专利 6 件（图 4-14）。

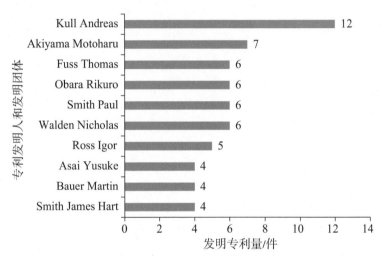

图 4-14 NMB 专利主要发明人和团队分析

4.5.3 专利国际布局分析

从专利国际布局分析来看，日本美蓓亚（NMB）的专利主要布局于德国（47 件），占比 41.23%；居第 2 位的是日本（24 件），占比 21.05%；居第 3 位的是欧专局（15 件），占比 13.16%。除此之外，该企业在美国布局 14 件、世专局和德国布局 6 件，中国布局 2 件（表 4-25）。

表 4-25 NMB 专利的国际布局

国家、地区及国际组织代码	专利量 / 件	占比
DE	47	41.23%
JP	24	21.05%
EP	15	13.16%
US	14	12.28%
WO	6	5.26%

（续表）

国家、地区及国际组织代码	专利量 / 件	占比
GB	6	5.26%
CN	2	1.75%

4.5.4　核心专利分析

对 NMB 所有高端轴承专利根据被引频次进行高低排序，该公司被引频次达到或超过 10 次的专利如表 4-26 所示。

表 4-26　NMB 核心专利

公开号	公开日期	被引频次
US 20030195125A1	2003-10-16	88
US 20070072777A1	2007-03-29	21
EP 1496277A2	2005-01-12	17
US 20020142264A1	2002-10-03	15
DE 102010047962A1	2012-04-12	15
DE 102011014369A1	2012-09-20	12
JP 62151539A	1987-07-06	12
US 20010022478A1	2001-09-20	10

日本美蓓亚（NMB）的专利被引频次达到或超过 10 次的共有 8 件，被引频次超过 20 次的共有 2 件，其中专利 US 20030195125A1 被引频次达 88 次，该专利是由 Akiyama Motoharu 发明的，名为 "Bearing for electronically controlled throttle motor in automobile, has grease composition containing straight-chain perfluoro polyether oil, base oil containing straight-chain perfluoropolyether oil, and polytetrafluoroethylene filler"，该专利的主要研究内容是关于汽车电子控制节流阀电机的轴承。

4.5.5　专利影响力分析

通过对 NMB 的专利影响力分析发现，US 20030195125A1 的被引频次为 88，其综合影响力和领域影响力均较高，分别达到 18.16 和 22.31，但该专利战略重要性仅为 1.0。而 US 20070072777A1 的 3 个影响力指标均较高，排名均居前 5 位，该专利的被引频次为 21 次，是由 Okamura Seiji、Akiyama Motoharu 和 Iwamatsu Hiroki 等发明的，名为 "Grease composition for pivot assembly bearing, contains thickener comprising ureas, and base oil which is poly alpha-olefin mixture"，该专利的主要内容是关于主轴承装配中的油脂成分。通过对 NMB 专利的战略重要性分析发现，该公司的战略重要性指标相同的较多，有 3 个专利的战略重要性指标为 5.87，有 10 个专利的战略重要性指标为 4.25（表 4-27 至表 4-29）。

表 4-27　NMB 专利按综合影响力排名（TOP 5）

公开号	公开日期	被引频次	综合影响力	战略重要性	领域影响力
US 20030195125A1	2003-10-16	88	18.16	1.00	22.31
US 20070072777A1	2007-03-29	21	7.43	4.25	8.10
US 20020142264A1	2002-10-03	15	6.36	4.25	6.77
US 20070183696A1	2007-08-09	9	6.00	2.62	6.77
US 20100148600A1	2010-06-17	5	4.93	1.00	5.88

表 4-28　NMB 专利按战略重要性排名（TOP 5）

公开号	公开日期	被引频次	综合影响力	战略重要性	领域影响力
US 20180003233A1	2018-01-04	1	3.50	5.87	2.78
DE 102017118871A1	2019-02-21	1	2.79	5.87	1.89
DE 102014008277A1	2015-03-05	1	2.79	5.87	1.89
US 20070072777A1	2007-03-29	21	7.43	4.25	8.10
US 20020142264A1	2002-10-03	15	6.36	4.25	6.77
US 20150030275A1	2015-01-29	3	3.86	4.25	3.66
DE 102013004499A1	2014-09-18	5	3.14	4.25	2.78
DE 102011014369A1	2012-09-20	12	3.14	4.25	2.78
DE 102013015437A1	2015-03-19	1	2.43	4.25	1.89
DE 102013015361A1	2015-03-19	1	2.43	4.25	1.89
DE 102012016575A1	2013-02-28	1	2.43	4.25	1.89
DE 102010015335A1	2011-10-20	1	2.43	4.25	1.89
DE 102009006275A1	2010-07-29	1	2.07	4.25	1.44

表 4-29　NMB 专利按领域影响力排名（TOP 5）

公开号	公开日期	被引频次	综合影响力	战略重要性	领域影响力
US 20030195125A1	2003-10-16	88	18.16	1.00	22.31
US 20070072777A1	2007-03-29	21	7.43	4.25	8.10
US 20020142264A1	2002-10-03	15	6.36	4.25	6.77
US 20070183696A1	2007-08-09	9	6.00	2.62	6.77
US 20100148600A1	2010-06-17	5	4.93	1.00	5.88

4.5.6　关键技术分析

通过对 NMB 专利中的主题进行聚类分析发现，Grease Composition（油脂成分）、Nitrogen（氮）、Mechanism（机械装置）、Carboxylic（碳水化合物）、Bear Surface of the Bear Bush（轴承衬套的支承面）、Pivot Bear（枢轴轴承）等主题是该企业的技术热点研究领域（图 4-15）。

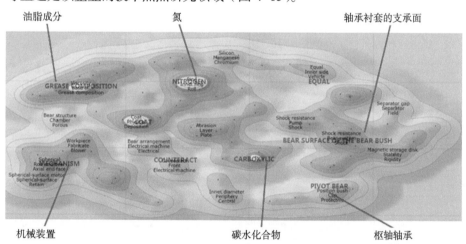

图 4-15　NMB 技术热点领域分布

通过对主题的高频词分析后发现，Torque（扭矩）和 Shock Resistance（耐冲击性）出现次数最多，共出现在 16 件专利中；其次为 Grease（油脂），出现 15 件专利中，Spherical（球面、调心）出现次数居第 3 位，共出现在 14 件专利中（表 4-30）。

表 4-30　NMB 专利高频词

关键词	专利量 / 件	中文释义
Torque	16	扭矩
Shock Resistance	16	耐冲击性
Grease	15	油脂
Spherical	14	球面、调心
Grease Composition	12	油脂成分
Coat	12	涂层
Carbon	12	碳
Layer	12	层

4.6　美国铁姆肯（TIMKEN）

4.6.1　专利公开趋势分析

图 4-16 为美国铁姆肯（TIMKEN）公开专利量年度变化，可以看到，截至 2020 年 10 月，TIMKEN 高端轴承公开专利量为 40 件，该企业整体专利公开数量较少。公开量最大的年份为 2004 年，共公开专利 4 件；另外，2005 年公开专利 3 件，其余年份的公开专利量均较少。

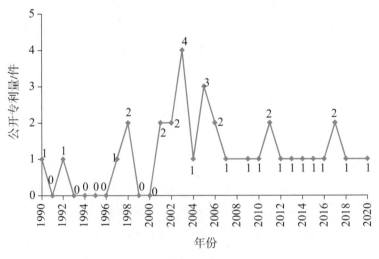

图 4-16　TIMKEN 公开专利量年度变化

4.6.2　主要发明人和团队分析

从 TIMKEN 主要发明人和团队来看，Fox 公开的专利数量最多，为 5 件；其次为 Hacker 公开专利 3 件；此外，Borowski、Doll、Harbottle、Joki、Kenpper、Lucas、Otto 和 Werner 等均公开专利 2 件（图 4-17）。

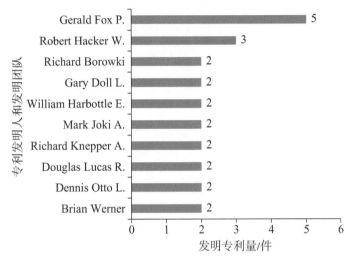

图 4-17　TIMKEN 专利主要发明人和团队分析

4.6.3　专利国际布局分析

从专利国际布局来看，美国铁姆肯（TIMKEN）的专利主要布局于世专局（26 件），占 23.01%；居第 2 位的是美国（9 件），居第 3 位的是欧专局（2 件），占比 1.77%。除此之外，在英国、德国和比利时均布局 1 件专利，如表 4-31 所示。

表 4-31　TIMKEN 专利的国际布局

国家、地区及国际组织代码	专利量 / 件	占比
WO	26	23.01%
US	9	7.96%
EP	2	1.77%
GB	1	0.88%
DE	1	0.88%
BE	1	0.88%

4.6.4　核心专利分析

对 TIMKEN 公司所有高端轴承专利根据被引频次进行高低排序，该公司被引频次超过 15 次的专利如表 4-32 所示。

表 4-32　TIMKEN 核心专利

公开号	公开日期	被引频次	公开号	公开日期	被引频次
US 4425011A	1984-01-10	90	US 4960335A	1990-10-02	23
US 4336971A	1982-06-29	53	WO 2001063132A2	2001-08-30	22
US 20040026867A1	2004-02-12	32	WO 2005100810A1	2005-10-27	21
US 4085984A	1978-04-25	29	WO 2005110032A2	2005-11-24	20
US 5118206A	1992-06-02	28	WO 2009042478A1	2009-04-02	16
WO 2006099014A1	2006-09-21	27			

美国铁姆肯（TIMKEN）的专利被引频次超过 15 次的共有 11 件，被引频次达到或超过 20 次的共有 10 件，被引频次超过 30 次的共有 3 件。这些专利均为核心专利，其中专利 US 4425011A 被引频次达 90 次，该专利是由 Cunningham Robert J 和 Orvos Peter S 发明的，名为 "Polymer cage for high speed tapered roller bearing has end-ring connecting spacer webs provided with lubricant collecting grooves which taper out toward large end of rollers"，该专利的主要内容是用于高速圆锥滚子轴承的高分子材料保持架的间隔腹板。

4.6.5　专利影响力分析

通过对 TIMKEN 专利的影响力分析发现，专利 US 4425011A、US 4960335A、US 20030098563A1 的综合影响力、战略重要性和领域影响力均较高。专利 US 4425011A 是由 Cunningham Robert J 和 Orvos Peter S 发明的，名为 "Polymer cage for high speed tapered roller bearing has end-ring connecting spacer webs provided with lubricant collecting grooves which taper out toward large end of rollers"，该专利的主要内容为用于高速圆锥滚子轴承的高分子材料保持架。专利 US 4960335A 是由 Otto Dennis L 和 Dimit Richard O 发明的，名为 "Bearing cover based on integral polymer case connected to a rotary bearing part with prim., sealing lip contg. pumping cavities to return lubricant to the bearing"，该专利的主要研究内容为基于高分子材料外壳的轴承盖。专利

US 20030098563A1 是 由 Hacker Robert W 发明的，名为 "Hub assembly for automotive vehicle, has constant velocity joint having shell with cylindrical end having end face, and axially spaced inboard and outboard bearings between hub and support"，该专利的主要内容为汽车轮毂（表 4-33 至表 4-35）。

表 4-33　TIMKEN 专利按综合影响力排名（TOP 5）

公开号	公开日期	被引频次	综合影响力	战略重要性	领域影响力
US 20040026867A1	2004-02-12	32	11.36	1.00	13.87
US 4425011A	1984-01-10	90	8.86	2.62	10.32
US 4336971A	1982-06-29	53	5.29	1.00	6.33
US 4960335A	1990-10-02	23	4.93	2.62	5.44
US 20030098563A1	2003-05-29	9	4.93	2.62	5.44

表 4-34　TIMKEN 专利按战略重要性排名（TOP 5）

公开号	公开日期	被引频次	综合影响力	战略重要性	领域影响力
WO 2017007922A1	2017-01-12	4	4.93	5.87	4.55
WO 2015031247A2	2015-03-05	5	3.86	4.25	3.66
US 4425011A	1984-01-10	90	8.86	2.62	10.32
US 4960335A	1990-10-02	23	4.93	2.62	5.44
US 20030098563A1	2003-05-29	9	4.93	2.62	5.44
WO 2009042478A1	2009-04-02	16	3.14	2.62	3.22
WO 2018174979A1	2018-09-27	0	3.14	2.62	3.22
WO 2020018096A1	2020-01-23	0	3.14	2.62	3.22
WO 2005100810A1	2005-10-27	21	2.43	2.62	2.33
WO 2006099014A1	2006-09-21	27	2.07	2.62	1.89
WO 1998012361A1	1998-03-26	14	1.36	2.62	1.0

表 4-35　TIMKEN 专利按领域影响力排名（TOP 5）

公开号	公开日期	被引频次	综合影响力	战略重要性	领域影响力
US 20040026867A1	2004-02-12	32	11.36	1.0	13.87
US 4425011A	1984-01-10	90	8.86	2.62	10.32
US 4336971A	1982-06-29	53	5.29	1.0	6.33

（续表）

公开号	公开日期	被引频次	综合影响力	战略重要性	领域影响力
US 4960335A	1990-10-02	23	4.93	2.62	5.44
US 20030098563A1	2003-05-29	9	4.93	2.62	5.44
US 20030210843A1	2003-11-13	8	4.57	1.0	5.44

4.6.6 关键技术分析

通过对 TIMKEN 公司专利中的主题进行聚类分析发现，Motion（运动机械）、Hub（轮毂）、Pillow（垫）、Carbide（碳化物）、Wind Turbine（风力涡轮机）、Particle（颗粒）、Gear（齿轮）等是该企业较为关注的主题（图 4-18）。

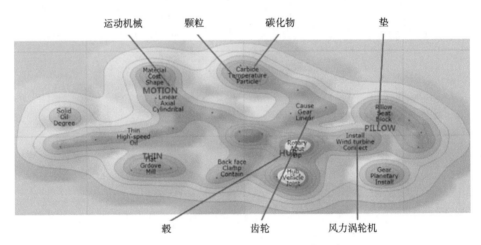

图 4-18　TIMKEN 技术热点领域分布

通过对专利主题的高频词分析后发现，Row（列）、Diameter（直径）和 Taper（圆锥）这几个词的出现次数最多，均出现在 12 件专利中；Turbine（涡轮）、Space（空间）、Shaft（轴）和 Roller Bear（滚动轴承）均出现在 11 件专利中（表 4-36）。

表 4-36　TIMKEN 专利高频词

关键词	专利数 / 件	中文释义
Row	12	列
Diameter	12	直径
Taper	12	圆锥

（续表）

关键词	专利数 / 件	中文释义
Turbine	11	涡轮
Space	11	空间
Shaft	11	轴
Roller Bear	11	滚动轴承

4.7　德国舍弗勒（Schaeffler）

4.7.1　专利公开趋势分析

图 4-19 为德国舍弗勒（Schaeffler）公开专利量年度变化，可以看到，截至 2020 年 10 月，Schaeffler 高端轴承专利公开量达 467 件，该公司在 2005 年之前公开专利量较少，年均不足 10 件。2006—2020 年，公开专利量均超过 15 件；2006—2009 年的增长趋势非常明显，增速较大，其中 2006 年增速最快，比 2005 年多 13 件，而 2009 年之后，公开专利量始终在 20~40 件波动，没有明显的增长或者下降趋势，其中 2019 年的专利公开量最大，达 40 件。说明 Schaeffler 自 2006 年开始，在高端轴承研发上一直持续投入，整体波动不大。

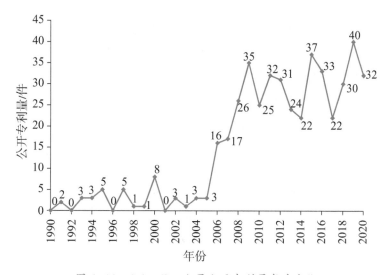

图 4-19　Schaeffler 公司公开专利量年度变化

4.7.2 主要发明人和团队分析

从 Schaeffler 专利的主要发明人和团队来看，Andreas、Frank、Roland、Rainer 这 4 个人的专利发明量位居前四，其中 Andreas 的发明专利数量最多，达 14 件；Frank 和 Roland 居并列第 2 位，均有 13 件；S Rainer 居第 4 位，共有 11 件（图 4-20）。

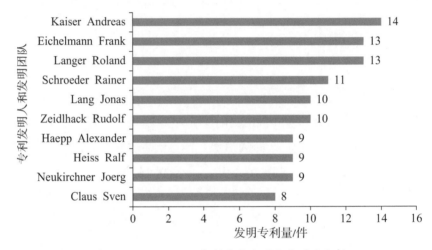

图 4-20 Schaeffler 专利主要发明人和团队分析

4.7.3 专利国际布局分析

从专利国际布局分析来看，德国舍弗勒（Schaeffler）的专利主要布局于德国（357 件），占比 76.45%；居第 2 位的是世专局（36 件），占比 7.71%；居第 3 位的是美国（29 件），占比 6.21%。该企业虽然也是在德国本土的公开专利数量远高于在其他国家、地区及国际组织，但其在美国、中国、韩国均布局专利 15 件以上，可见该公司还重视在上述国家、地区及国际组织的专利布局（表 4-37）。

表 4-37 Schaeffler 专利的国际布局

国家、地区及国际组织代码	专利量 / 件	占比
DE	357	76.45%
WO	36	7.71%
US	29	6.21%

（续表）

国家、地区及国际组织代码	专利量/件	占比
CN	18	3.85%
KR	16	3.43%
EP	6	1.28%
FR	4	0.86%
GB	1	0.21%

4.7.4 核心专利分析

对 Schaeffler 所有高端轴承专利根据被引频次进行高低排序，被引频次达到或超过 15 次的专利如表 4-38 所示。

表 4-38 Schaeffler 核心专利

公开号	公开日期	被引频次	公开号	公开日期	被引频次
DE 4142313A1	1993-06-24	60	DE 3933119A1	1991-04-11	17
DE 19839481A1	2000-03-02	54	DE 4330641A1	1995-03-16	17
US 20060029318A1	2006-02-09	31	DE 202004020400U1	2005-07-07	17
DE 19839430A1	2000-03-02	22	DE 102005041917A1	2007-03-08	17
EP 1647731A2	2006-04-19	22	DE 19615889A1	1997-10-23	16
DE 102008022311A1	2009-11-12	21	DE 102006012001A1	2007-09-20	16
DE 102007034023A1	2009-01-22	20	DE 4136988A1	1993-05-13	15
US 20110150380A1	2011-06-23	20	DE 19834361A1	2000-02-03	15
DE 102007062056A1	2009-06-25	19	DE 102006051817A1	2008-05-08	15
DE 102008051065A1	2010-04-15	19	DE 102006057482A1	2008-06-12	15

德国舍弗勒（Schaeffler）的专利被引频次达到或超过 15 次的共有 20 件，被引频次达到或超过 20 次的共有 8 件，被引频次超过 30 次有 3 件。在这些核心专利中，DE 4142313A1 被引频次达 60 次，该专利是由 Woltmann Reiner 和 Grell Karl-Ludwig Dipl 发明的、Schaeffler 申请的，名为 "Radial or axial rolling bearing of steel with anti-corrosion coating of electroplated zinc@ alloy on running tracks"，该专利的重要内容是在运行轨道上电镀锌合金防腐涂层的滚动轴承。

4.7.5 专利影响力分析

通过对德国舍弗勒（Schaeffler）专利影响力分析发现，专利 DE 4142313A1 被引频次最高，但其影响力并不是特别大，该专利的综合影响力为 4.57，战略重要性为 1.0，领域影响力为 5.44。专利 US 20130301971A1 的被引频次不高（共 12 次），但该专利的影响力较大，其综合影响力、战略重要性和领域影响力均居前 5 位，分别为 8.51、9.11 和 8.10，该专利是由 Cudrnak M 和 Moratz W 发明、Schaeffler 申请的，名为 "Seal of bearing used in high speed spindle applications such as electric motors, has rubber which is impregnated with electrically conductive material"，该专利的主要内容是关于用于高速轴承的密封轴承。专利 US 20060029318A1 的综合影响力和领域影响力位列第一，该专利是由 Beer Oskar 等发明、德国舍弗勒（Schaeffler）申请的，名为 "Roller bearing useful for aeronautical industries, comprises first rolling part(s) of ceramic material, and second cooperating rolling part(s) of steel with martensitic microstructure, two rolling parts having respective contacting surfaces"，该专利的主要研究内容是关于航空工业中的滚动轴承（表 4-39 至表 4-41）。

表 4-39　Schaeffler 按综合影响力排名（TOP 5）

公开号	公开日期	被引频次	综合影响力	战略重要性	领域影响力
US 20060029318A1	2006-02-09	31	13.51	5.87	15.21
US 20140112607A1	2014-04-24	9	11.01	2.62	12.99
US 20110150380A1	2011-06-23	20	10.65	4.25	12.10
US 20110317953A1	2011-12-29	10	10.29	9.11	10.32
US 20130301971A1	2013-11-14	12	8.51	9.11	8.10

表 4-40　Schaeffler 按战略重要性排名（TOP 5）

公开号	公开日期	被引频次	综合影响力	战略重要性	领域影响力
US 20110317953A1	2011-12-29	10	10.29	9.11	10.32
US 20130301971A1	2013-11-14	12	8.51	9.11	8.10
US 20160348727A1	2016-12-01	3	4.93	7.49	4.11
US 20060029318A1	2006-02-09	31	13.51	5.87	15.21
US 20130084034A1	2013-04-04	2	3.86	5.87	3.22

表 4-41　Schaeffler 按领域影响力排名（TOP 5）

公开号	公开日期	被引频次	综合影响力	战略重要性	领域影响力
US 20060029318A1	2006-02-09	31	13.51	5.87	15.21
US 20140112607A1	2014-04-24	9	11.01	2.62	12.99
US 20110150380A1	2011-06-23	20	10.65	4.25	12.10
US 20110317953A1	2011-12-29	10	10.29	9.11	10.32
US 20130301971A1	2013-11-14	12	8.51	9.11	8.10

4.7.6　关键技术分析

通过对德国舍弗勒（Schaeffler）公司的专利主题分析发现，相似主题聚合的热点内容有 Wheel Hub（轮毂）、Seal Arrangement（密封配置）、Actuate（驱动）、Amorphous（无定形）、Cage Segment（保持架）、Pocket Portion（袖珍部分）、Lubricated（润滑），这些是该企业在高端轴承领域的关键技术和研发热点（图 4-21）。

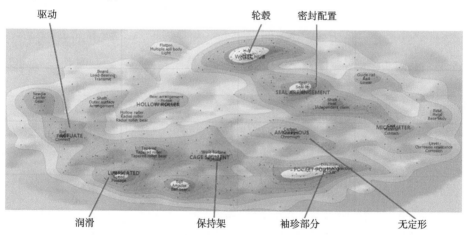

图 4-21　Schaeffler 技术热点领域分布

针对主题进行分析之后，发现高频词如表 4-42 所示。

表 4-42　Schaeffler 专利高频词

关键词	专利量 / 件	中文释义
Contact	126	接触
Connect	125	连接

（续表）

关键词	专利量 / 件	中文释义
Cage	124	保持架
Support	119	支撑
Shaft	110	轴

通过对专利主题的高频词分析后发现，Contact 的出现次数最多，共出现在 126 件专利中，Contact 和 Connect 的中文释义接近，均为接触、连接，Cage（保持架）出现在 124 件专利中，Support（支撑）出现在 119 件专利中，Shaft（轴）出现在 110 件专利中，由此可见，德国舍弗勒（Schaeffler）的专利比较专注于轴承连接、支撑和保持架等相关方面。

4.8　日本不二越株式会社（NACHI）

4.8.1　专利公开趋势分析

图 4-22 为日本不二越株式会社（NACHI）公开专利量年度变化，可以看到，截至 2020 年 10 月，高端轴承专利公开量为 20 件，该企业整体公开专利量不多。2007 年公开的专利数量为 4 件，是所有年份中公开专利数量最多的一年，其余年份均只公开 1 ~ 2 件。

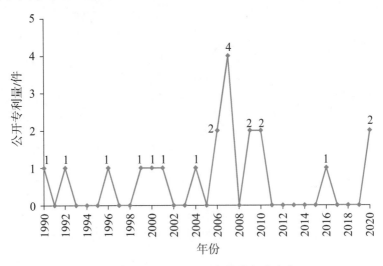

图 4-22　NACHI 公开专利量年度变化

4.8.2　主要发明人和团队分析

从 NACHI 主要发明人和团队来看，Kazuo、Keiichi 这 2 个人的专利公开量居第 1 位，共公开了专利 3 件；Kazutaka、Takashi、Yochi、Takashi 和 Takeo 这 5 个人的专利公开量为 2 件；其余发明人专利公开量均只有 1 件（图 4-23）。

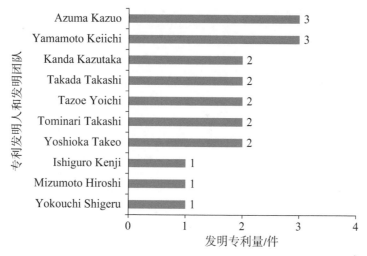

图 4-23　NACHI 专利主要发明人和团队分析

4.8.3　专利国际布局分析

从专利国际布局分析，日本不二越株式会社（NACHI）的专利主要布局于日本国内（18 件），占比 90%，美国和世专局各有（1 件），占比 5.00%（表 4-43）。

表 4-43　NACHI 专利的国际布局

国家、地区及国际组织代码	专利量 / 件	占比
JP	18	90.00%
US	1	5.00%
WO	1	5.00%

4.8.4 核心专利分析

对 NACHI 所有高端轴承专利根据被引频次高低进行排序，该公司被引频次超过 15 次的专利如表 4-44 所示。

表 4-44 NACHI 核心专利

公开号	公开日期	被引频次
US 5133609A	1992-07-28	40
JP 11336795A	1999-12-07	26
JP 2009115131A	2009-05-28	21
JP 2000120668A	2000-04-25	20
JP 2007315587A	2007-12-06	16

日本不二越株式会社（NACHI）专利被引频次整体而言不高，其中专利 US 5133609A 的被引频次最高，达 40 次，该专利是由 Ishiguro Kenji 发明的，名 为 "Seal for rolling bearing with rotatable outer race with centre lip extended radially inward from thick rigid section of seal and providing labyrinth clearance when rotating at high speed"，该专利的主要内容是关于带可旋转外滚道的滚动轴承密封件。

4.8.5 专利影响力分析

通过对专利的影响力分析发现，专利 US 5133609A 的 3 个影响力指标也较高，说明该专利较为优质，该企业所有专利的战略重要性均为 1.00，整体而言并不是很高，影响力并不是很大（表 4-45 至表 4-47）。

表 4-45 NACHI 专利按综合影响力排名（TOP 5）

公开号	被引频次	综合影响力	战略重要性	领域影响力
US 5133609A	40	4.93	1.00	5.88
JP 2009115131A	21	3.50	1.00	4.11
JP 2010101362A	10	2.43	1.00	2.78
JP 2007315450A	1	2.07	1.00	2.33
JP 2006200615A	4	1.71	1.00	1.89
JP 2007132428A	3	1.71	1.00	1.89

（续表）

公开号	被引频次	综合影响力	战略重要性	领域影响力
JP 2001163004A	2	1.71	1.00	1.89
JP 2009062575A	2	1.71	1.00	1.89
JP 2020139513A	0	1.71	1.00	1.89

表 4-46　NACHI 专利按战略重要性排名（TOP 5）

公开号	被引频次	综合影响力	战略重要性	领域影响力
US 5133609A	40	4.93	1.00	5.88
JP 2009115131A	21	3.50	1.00	4.11
JP 2010101362A	10	2.43	1.00	2.78
JP 2007315450A	1	2.07	1.00	2.33
JP 2006200615A	4	1.71	1.00	1.89
JP 2007132428A	3	1.71	1.00	1.89
JP 2001163004A	2	1.71	1.00	1.89
JP 2009062575A	2	1.71	1.00	1.89
JP 2020139513A	0	1.71	1.00	1.89
JP 2004108390A	3	1.36	1.00	1.44
JP 2278010A	2	1.36	1.00	1.44
JP 2007146870A	0	1.36	1.00	1.44
JP 2010151169A	0	1.36	1.00	1.44
WO 2016013571A1	0	1.36	1.00	1.44
JP 2020060267A	0	1.36	1.00	1.44
JP 11336795A	26	1.00	1.00	1.00
JP 2000120668A	20	1.00	1.00	1.00
JP 2007315587A	16	1.00	1.00	1.00
JP 2006207684A	6	1.00	1.00	1.00
JP 8021451A	0	1.00	1.00	1.00

表 4-47　NACHI 专利按领域影响力排名（TOP 5）

公开号	被引频次	综合影响力	战略重要性	领域影响力
US 5133609A	40	4.93	1.00	5.88
JP 2009115131A	21	3.50	1.00	4.11
JP 2010101362A	10	2.43	1.00	2.78
JP 2007315450A	1	2.07	1.00	2.33
JP 2006200615A	4	1.71	1.00	1.89
JP 2007132428A	3	1.71	1.00	1.89
JP 2001163004A	2	1.71	1.00	1.89
JP 2009062575A	2	1.71	1.00	1.89
JP 2020139513A	0	1.71	1.00	1.89

4.8.6　关键技术分析

通过对 NACHI 专利中的主题进行聚类分析发现，Alloy（合金）、Raceway Surface（滚道面）、Contact Angle（接触角）、Bear Component（轴承组件）、Low Torque（低扭矩）是该企业的技术热点研究领域（图 4-24）。

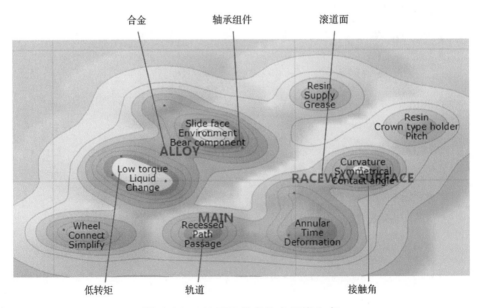

图 4-24　NACHI 技术热点领域分布

通过对主题的高频词分析发现，Roller（滚动体）、Temperature（温度）、Vehicle（车辆）、Machine（机器）、Lubricate（润滑）和 Shape（形状）这几个词均出现在 6 件专利中（表 4-48）。

表 4-48　NACHI 专利高频词

关键词	专利量 / 件	中文释义
Roller	6	滚动体
Temperature	6	温度
Vehicle	6	车辆
Machine	6	机器
Lubricate	6	润滑
Shape	6	形状

第5章　国内主要高端轴承企业分析

5.1　洛阳 LYC 轴承有限公司

5.1.1　专利公开趋势分析

截至 2020 年，洛阳 LYC 轴承有限公司共公开高端轴承专利 26 件。2009—2019 年，专利公开量较为稳定，一直保持在 1～2 件左右；2019 年之后，该企业的专利公开量增加，2020 年公开了 8 件。该公司近几年的发展势头强，发展前景良好，具有一定的技术研发能力（图 5-1）。

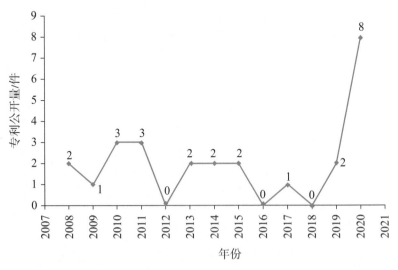

图 5-1　LYC 专利公开趋势分析

5.1.2　发明人和团队分析

LYC 公开专利最多的发明人为 Fan Qiang 和 Wang Jin-cheng，均公开专利 11 件，居第 3 位的是 Jiao Yang，共公开专利 10 件；居第 4 位的是 Ding Jian-qiang，共公开专利 9 件。

从合作关系来看，LYC 发明人之间的合作关系较为明显，如 Fan Qiang 和 Wang Jin-cheng、Jiao Yang 、Ding Jian-qiang 等均有合作，合作的专利量也较多，如 Fan Qiang 发明的 11 件专利中，有 8 件专利是和 Wang Jin-cheng、Jiao Yang 合作完成的。由此可见，该企业专利发明人之间合作较多，研发团队合作高效（表 5-1）。

从研究领域来看，Fan Qiang 团队的发明人，主要关注的领域为 Q62-G08（汽车轴承）、Q62-G02（滚动轴承）和 Q21-D06（轴箱及其安装），该团队近期较为关注的领域为 Q62-G08（汽车轴承）、A12-H03（齿轮、轴承表面和类似接头）；其他团队发明人关注的领域也和 Fan Qiang 团队一致，基本都集中在 Q62-G08（汽车轴承）、Q62-G02（滚动轴承）和 Q21-D06（轴箱及其安装），同样近期关注的领域也基本集中在 Q62-G08（汽车轴承）和 A12-H03（齿轮、轴承表面和类似接头），由此可见，该企业研究的专利领域较为统一（表 5-1）。

表 5-1　LYC 国内发明人合作关系（TOP 5）

专利量/件	发明人	排名前 3 的合作者（个人）	时间	排名最前的技术主题词	近期技术主题词
11	Fan Qiang	Wang Jin-cheng [8] Jiao Yang [8] Ding Jian-qiang [7]	2011—2020 年	Q62-G08 [7] Q62-G02 [5] Q21-D06 [4]	Q62-G08 [7] A12-H03 [2]
11	Wang Jin-cheng	Fan Qiang [8] Ding Jian-qiang [8] Dong Mei-juan [8]	2013—2020 年	Q62-G08 [8] Q62-G02 [7] Q21-D06 [5]	Q62-G08 [8] A12-H03 [2] Q62-G09 [2]
10	Jiao Yang	Fan Qiang [8] Wang Jin-cheng [6] Ding Jian-qiang [5]	2011—2020 年	Q62-G08 [5] Q62-G02 [2] Q21-D06 [2] M21-A02 [2]	Q62-G08 [5] Q21-D06 [2] Q62-G02 [2]

（续表）

专利量/件	发明人	排名前3的合作者（个人）	时间	排名最前的技术主题词	近期技术主题词
9	Ding Jian-qiang	Wang Jin-cheng [8] Liu Gao-jie [8] Pan Long [8] Wang Peng-wei [8]	2015—2020 年	Q62-G08 [8] Q62-G02 [5] Q21-D06 [4]	Q62-G08 [8] Q62-G02 [5] Q21-D06 [4] A12-H03 [2]
8	Dong Mei-juan	Wang Jin-cheng [8] Ding Jian-qiang [7] Liu Gao-jie [7] Pan Long [7] Wang Peng-wei [7] Hu Min [7]	2013—2020 年	Q62-G08 [7] Q62-G02 [6] Q21-D06 [5]	Q62-G08 [7] A12-H03 [2]
8	Liu Gao-jie	Ding Jian-qiang [8] Pan Long [8] Wang Peng-wei [8]	2019—2020 年	Q62-G08 [8] Q62-G02 [5] Q21-D06 [4]	—
8	Pan Long	Ding Jian-qiang [8] Liu Gao-jie [8] Wang Peng-wei [8]	2019—2020 年	Q62-G08 [8] Q62-G02 [5] Q21-D06 [4]	—
8	Wang Peng-wei	Ding Jian-qiang [8] Liu Gao-jie [8] Pan Long [8]	2019—2020 年	Q62-G08 [8] Q62-G02 [5] Q21-D06 [4]	—

5.1.3 关键技术分析

从 LYC 关键技术领域布局图 5-2 可知，该公司主要的技术研发集中在 Q62-G08（汽车轴承）领域，共有专利 11 件；排名居第 2 位技术研发为 Q62-G02（滚动轴承）领域，公开专利 9 件；排名居第 3 位的技术研发主要集中在 Q21-D06（轴箱及其安装）领域，公开专利为 6 件，其他领域，如 A12-H03（齿轮、轴承表面和类似接头）共公开专利 4 件，Q62-G09（轴承的冷却和润滑装置）共公开专利 4 件，M21-A02（冶金轧机配件）共公开专利 3 件。该公司的专利分散在 15 个技术领域，整体而言，该公司轴承研究领域相对广泛。

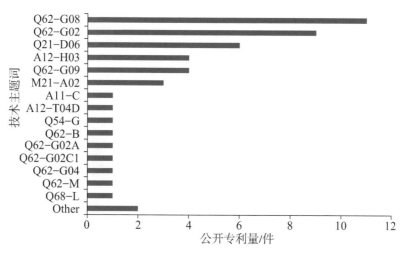

图 5-2　LYC 关键技术领域布局

5.1.4　技术领域年度分析

从专利分布领域可知，2008 年，该公司的专利为关于 M21-A02（冶金轧机配件）领域，公开专利 1 件；2010 年，在 A12-T04D（其他车辆配件模制）领域进行研究，公开专利 1 件，并且在 A12-H03（齿轮、轴承表面和类似接头）领域公开专利 1 件，在 Q21-D06（轴箱及其安装）领域公开专利 1件；2011 年，在 M21-A02（冶金轧机配件）领域公开专利 1 件；2013 年，除了关注 M21-A02（冶金轧机配件）领域和 Q21-D06（轴箱及其安装）领域之外，还开始关注 Q62-G02（滚动轴承）领域，各公开专利 1 件；2014年在 A12-H03（齿轮、轴承表面和类似接头）领域公开专利 1 件；2017 年，该公司除了在 Q62-G02（滚动轴承）领域公开专利 1 件外，又在 Q62-G09（轴承的冷却和润滑装置）领域和 Q62-G08（汽车轴承）领域分别公开专利 1 件；2019 年该企业在 Q62-G08（汽车轴承）领域公开专利 2 件，除了关注 Q21-D06（轴箱及其安装）领域外还关注了 Q62-B（刚性轴）领域。2020 年，Q62-G08（汽车轴承）领域公开专利 8 件，数量比 2019 年多 6 件，Q62-G02（滚动轴承）领域公开专利 7 件，Q21-D06（轴箱及其安装）领域公开专利 3 件，A12-H03（齿轮、轴承表面和类似接头）领域公开专利 2 件，Q62-G09（轴承的冷却和润滑装置）领域公开专利 3 件，2020 年还关注了A11-C（其他工艺）领域和 Q54-G（利用风能产生机械能）领域，均公开专利 1 件（图 5-3）。

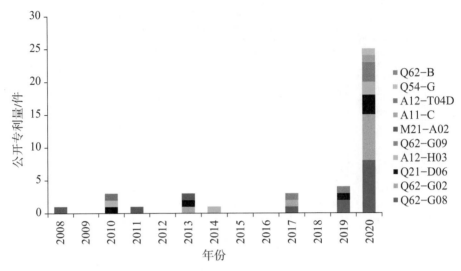

图 5-3　LYC 技术领域 TOP 10 年度分布

5.1.5　近三年技术发展趋势

通过对 LYC 近三年（2018—2020 年）专利技术领域发展趋势分析可知（表 5-2），该企业近三年开始关注 A11-C（其他工艺）、Q54-G（利用风能产生机械能）、Q62-B（刚性轴）、Q62-G02A（球轴承）、Q62-G04（弹性轴承）、Q68-L（通用润滑系统）和 X15-B01A（涡轮机）领域。近三年不再关注的领域有 M21-A02（冶金轧机配件）、A12-T04D（其他车辆配件模制）、Q62-G02C1（圆锥滚子轴承）、Q62-M（轴承制造与测试）和 T01-J15A2（线路布局、印刷电路板、集成电路）。

表 5-2　LYC 近三年专利技术领域发展趋势

近三年首次使用的主题词	近三年不再出现的主题词
A11-C [1]	M21-A02 [3]
Q54-G [1]	A12-T04D [1]
Q62-B [1]	Q62-G02C1 [1]
Q62-G02A [1]	Q62-M [1]
Q62-G04 [1]	T01-J15A2 [1]
Q68-L [1]	
X15-B01A [1]	

5.2 瓦房店轴承集团有限责任公司

5.2.1 专利公开趋势分析

截至 2020 年，瓦房店轴承集团有限责任公司共公开高端轴承专利 83 件，2009 年以前，瓦房店轴承集团有限责任公司公开的专利数量不多，年均不足 5 件；2010 年，该集团专利公开数量增加至 13 件；2012 年，该集团公开的专利数量最多，达 14 件；2012—2017 年，该集团专利数量出现逐年小幅下降，年均公开专利量不足 10 件；近几年该集团的公开专利数量不多（图 5-4）。

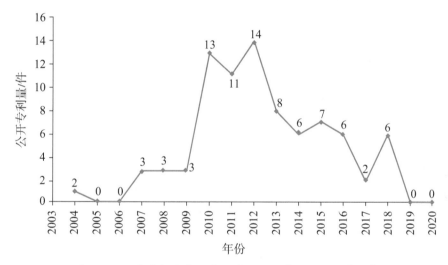

图 5-4 瓦房店轴承集团有限责任公司专利公开趋势分析

5.2.2 发明人和团队分析

瓦房店轴承集团有限责任公司的发明人中 Chi Hai-feng、Wng Lei、Xu Shu-ping 和 Yang Ping 等发明的专利件数均为 13 件，从发明人合作的角度看，该集团合作情况较多，但是合作范围不是特别广，Chi Hai-feng 和 Wng Lei 合作专利较多，Yang Ping 和 Wu Fei 存在合作，其余发明人之间的合作专利不多，但是每个发明人有自身的合作团队，且均较为稳定，如发明人 Luo Xiao-qiu 共发明了专利 8 件，但其与 Han Chao 合作完成了 7 件，整体而言，该集团的研发较为稳定。

从研究领域来看，Chi Hai-feng 发明团队较为关注和近期关注的领域为 Q62-G08（汽车轴承）和 Q62-G02C（滚子轴承）。Q62-G08（汽车轴承）是个热点研究领域，多个发明人均关注了该领域，如 Wng Lei、Xu Shu-ping 和 Yang Ping 等。Q62-G02C（滚子轴承）也为一个热点研究领域，是 Wng Lei、Xu Shu-ping 和 Yang Ping 等 8 人所在的发明团队较为关注该领域。X15-B01B（发电机）和 X15-B06（支撑结构）领域有 6 个发明人及其所在的发明团队较为关注，如 GuoYu-fei、Ma Zhong-chao 和 Sun Zhen-sheng 等。A12-H03（冶金轧机配件）领域则有 Xu Shu-ping、Duan Tong-jiang、Han Chao 和 Luo Xiao-qiu 等发明人及其发明团队较为关注。从近期的研究热点来看，较为热门的依然为 Q62-G02C（滚子轴承）、Q62-G08（汽车轴承）和 Q62-G02A（球轴承）等领域。

从时间角度看，Chi Hai-feng、Wng Lei 和 Xu Shu-ping 等公开专利的时间较早，从 2007 年就开始公开专利；Ma Ye 和 Yin Hong-tao 最早发明专利为 2015 年，虽然这两个发明人公开专利的时间较晚，但是公开的专利数量较多（表 5-3）。

表 5-3　瓦房店轴承集团有限责任公司国内发明人合作关系（TOP 5）

专利量/件	发明人	排名前 3 的合作者（个人）	时间	排名最前的技术主题词	近期技术主题词
13	Chi Hai-feng	Wng Lei [5] Ji Yun-qiao [4] Liu Chun-guo [4] Liu Jia-jun [4]	2007—2016 年	Q62-G08 [2] Q62-G02C [2]	Q62-G02C [2] Q62-G08 [2]
13	Wng Lei	Liu Chun-guo [6] Chi Hai-feng [5] Lin Xiu-qing [5] Xin Zhong-wei [5]	2007—2018 年	Q62-G08 [3] Q62-G02A [2] Q62-G02C1 [2]	Q62-G08 [3] Q62-G02A [2] Q62-G02C1 [2]
13	Xu Shu-ping	Luo Xiao-qiu [5] Han Chao [5] Tang Li-xiao [4] Tong Yi-dong [4] Wen Shao-ying [4] Li Chuan-gang [4] Yu Chang-xin [4] Yang Ping [4]	2007—2016 年	A12-H03 [3] Q62-G08 [2] Q62-G02C [2]	Q62-G02C [2] Q62-G08 [2]

（续表）

专利量/件	发明人	排名前 3 的合作者（个人）	时间	排名最前的技术主题词	近期技术主题词
13	Yang Ping	Wu Fei [10] Ma Ye [7] Yin Hong-tao [6]	2007—2018 年	Q62-G08 [4] Q62-G02C [4] Q62-G05 [2]	Q62-G02C [4] Q62-G08 [4] Q62-G05 [2]
11	GuoYu-fei	Sun Zhen-sheng [9] Zhang Li-na [8] Ma Zhong-chao [5] Wu Guang-fu [5]	2011—2016 年	X15-B01B [5] X15-B06 [4]	—
11	Ma Zhong-chao	Qu Rong-jun [7] Sun Zhen-sheng [6] Zhang Li-na [6]	2007—2012 年	X15-B01B [3] X15-B06 [2]	近期无记录
11	Wu Fei	Yang Ping [10] Ma Ye [5] Zhang Xu [5]	2007—2018 年	Q62-G08 [2] Q62-G02C [2]	Q62-G02C [2] Q62-G08 [2]
10	Duan Tong-jiang	Wu Guang-fu [5] Zhao Xiao-bin [4] Jiang Yang [3] GuoYu-fei [3] Xu Hao-yan [3]	2011—2015 年	M21-A02 [3]	近期无记录
10	Feng Shi-yu	Xin Zhong-wei [6] Zhao Xia [5] Wng Lei [4] Lu Sheng-yang [4] Ji Yun-qiao [4] Ma Ye [4] Yin Hong-tao [4]	2014—2018 年	Q62-G08 [7] Q62-G02C [5] Q62-G02A [2] Q62-G02C1 [2] Q62-M [2]	Q62-G08 [7] Q62-G02C [5] Q62-G02A [2] Q62-G02C1 [2] Q62-M [2]
10	Han Chao	Luo Xiao-qiu [7] Xu Shu-ping [5] Tang Li-xiao [4] Tong Yi-dong [4] Wen Shao-ying [4] Li Chuan-gang [4] Yu Chang-xin [4]	2009—2013 年	A12-H03 [2]	近期无记录

（续表）

专利量/件	发明人	排名前3的合作者（个人）	时间	排名最前的技术主题词	近期技术主题词
10	Ma Ye	Yin Hong-tao [8] Yang Ping [7] Zhang Xu [5] Wu Fei [5] Lu Sheng-yang [5]	2015—2018 年	Q62-G08 [7] Q62-G02C [7] Q62-M [2] Q62-G05 [2]	Q62-G02C [7] Q62-G08 [7] Q62-G05 [2] Q62-M [2]
10	Sun Zhen-sheng	GuoYu-fei [9] Zhang Li-na [8] Ma Zhong-chao [6]	2011—2016 年	X15-B01B [5] X15-B06 [4]	—
9	Qu Rong-jun	Ma Zhong-chao [7] Sun Zhen-sheng [4] GuoYu-fei [4] Zhang Li-na [4] Na Hua [4] Zou Jian-bo [4]	2007—2012 年	X15-B01B [2] X15-B06 [2]	近期无记录
9	Wu Guang-fu	GuoYu-fei [5] Duan Tong-Jiang [5] Pang Wei [4]	2010—2015 年	A12-H03 [3] X15-B01B [2] X15-B06 [2] Q62-G02C [2] Q21-D06 [2]	近期无记录
9	Yin Hong-tao	Ma Ye [8] Yang Ping [6] Lin Zhou [4] Zhang Xu [4] Wu Fei [4] Lu Sheng-yang [4] Song Ya-hong [4] Feng Shi-yu [4]	2015—2017 年	Q62-G02C [5] Q62-G08 [5] Q62-M [2]	Q62-G02C [5] Q62-G08 [5] Q62-M [2]
9	Zhang Li-na	GuoYu-fei [8] Sun Zhen-sheng [8] Ma Zhong-chao [6]	2011—2016 年	X15-B01B [3] X15-B06 [2]	—
8	Ji Yun-qiao	Chi Hai-feng [4] Wng Lei [4] Xin Zhong-wei [4] Liu Jia-jun [4] Feng Shi-yu [4] Zhang Lian-hai [4]	2013—2017 年	—	—

（续表）

专利量 /件	发明人	排名前 3 的合作者 （个人）	时间	排名最前的 技术主题词	近期技术 主题词
8	Liu Chun-guo	Wng Lei [6] Chi Hai-feng [4] Lin Xiu-qing [2] Xu Wei [2] Xie Zong-hui [2] Cui Chuan-rong [2] Wang Hai-yun [2] Yao Guo-dong [2] Ma Zhong-chao [2] Qu Rong-jun [2] Wang Jin-song [2] Li Yu-quan [2]	2010—2012 年	—	近期无记录
8	Luo Xiao-qiu	Han Chao [7] Xu Shu-ping [5] Tong Yi-dong [5] Wen Shao-ying [5] Yu Chang-xin [5]	2009—2018 年	A12-H03 [2]	—

5.2.3　关键技术分析

从瓦房店轴承集团有限责任公司关键技术领域布局图 5-5 可知，该公司主要的技术研发集中在 Q62-G08（汽车轴承）领域，公开专利 14 件；排名居第 2 位的技术研发主要集中在 Q62-G02C（滚子轴承）领域，公开专利 12 件；排名居第 3 位的是 M21-A02（冶金轧机配件）领域，公开专利 11 件；其他领域，如 A12-H03（齿轮、轴承表面和类似接头）公开专利 8 件，Q62-G02A（球轴承）领域公开专利 4 件。该集团的专利研究领域也较为广泛，共分散在 15 个领域（图 5-5）。

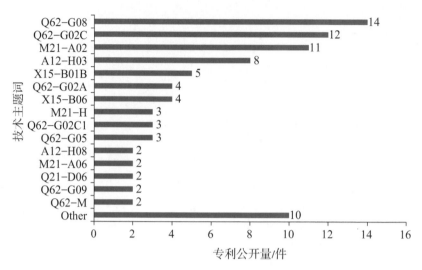

图 5-5　瓦房店轴承集团有限责任公司关键技术领域布局

5.2.4　技术领域年度分析

从专利分布技术领域可知，2008 年，该企业在 M21-A02（冶金轧机配件）领域公开专利 3 件；2010 年，该企业在 Q62-G02C（滚子轴承）领域公开专利 2 件，M21-A02（冶金轧机配件）领域公开专利 2 件，A12-H03（齿轮、轴承表面和类似接头）领域公开专利 2 件，M21-H（特定轧材制品）领域公开专利 1 件；2011 年，该企业 M21-A02（冶金轧机配件）领域公开专利 2 件，M21-A02（冶金轧机配件）领域公开专利 1 件，X15-B01B（发电机）领域公开专利 1 件；2012 年，该企业依然在 A12-H03（齿轮、轴承表面和类似接头）领域公开专利 1 件，在 X15-B01B（发电机）领域公开专利数量上升至 4 件，在 X15-B06（支撑结构）领域公开专利 4 件；2013 年，则仅在 A12-H03（齿轮、轴承表面和类似接头）领域公开专利 2 件，未在其他领域公开专利；2014 年，该集团在 M21-A02（冶金轧机配件）领域和 A12-H03（齿轮、轴承表面和类似接头）领域各公开专利 1 件；2015 年，M21-A02（冶金轧机配件）领域公开专利增加至 3 件，M21-H（特定轧材制品）领域公开专利 2 件。2016 年，各个研究领域的公开专利量明显增加，Q62-G08（汽车轴承）领域公开专利增加至 6 件，Q62-G02C（滚子轴承）领域公开专利增加至 6 件，在 A12-H03（齿轮、轴承表面和类似接头）领域公开专利 1 件，除此以外，还关注了 Q62-G05（组合轴承）领域，公开专利

1件。2017年，公开专利数量和研究领域又减少，Q62-G08（汽车轴承）领域公开专利2件，Q62-G02C（滚子轴承）领域公开专利2件；2018年，该集团的公开专利量及研究领域又开始增加，Q62-G08（汽车轴承）领域公开专利6件，Q62-G02C（滚子轴承）领域公开专利2件，Q62-G02A（球轴承）领域公开专利2件，Q62-G05（组合轴承）领域公开专利2件，Q62-G02C1（圆锥滚子轴承）领域公开专利3件（图5-6）。

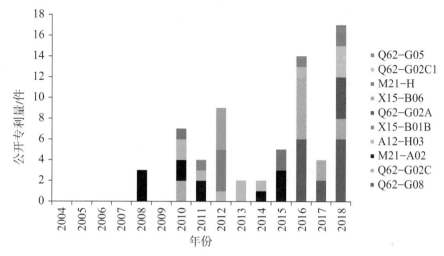

图5-6　瓦房店轴承集团有限责任公司技术领域TOP 10年度分布

5.2.5　近三年技术发展趋势

通过对瓦房店轴承集团有限责任公司近三年（2018—2020年）专利技术领域发展趋势分析可知（表5-4），近三年（2018—2020年），该集团比较关注的领域为Q62-G08（汽车轴承），且对该领域的关注远超过其他领域。该企业还关注了Q62-G02A（球轴承）、Q62-G02C1（圆锥滚子轴承）、Q62-G05（组合轴承）、Q62-G09（轴承的冷却和润滑装置）等领域。而该集团近三年对M21-A02（冶金轧机配件）、X15-B01B（发电机）、X15-B06（支撑结构）等领域的关注减弱。

表 5-4　瓦轴集团近三年专利技术领域发展趋势

近三年首次使用的主题词	近三年不再出现的主题词
Q62-G08 [14]	M21-A02 [11]
Q62-G02A [4]	X15-B01B [5]
Q62-G02C1 [3]	X15-B06 [4]
Q62-G05 [3]	M21-H [3]
Q62-G09 [2]	M21-A06 [2]
Q62-M [2]	Q21-D06 [2]
Q11-A04 [1]	A05-F01E2 [1]
Q54-G [1]	A12-W12F [1]
Q62-G02 [1]	M21-A01 [1]
X15-B [1]	M21-A04 [1]
	M21-A07 [1]
	Q13-A03 [1]
	V06-M11C [1]
	X15-B01A [1]

5.3　洛阳轴研科技股份有限公司

5.3.1　专利公开趋势分析

　　截至 2020 年，共公开轴研科技共公开高端轴承专利 71 件，2007—2010 年，该公司的公开专利呈上升趋势；2010—2012 年呈小幅下降趋势，2012 年专利公开量仅 3 件；2013—2014 年专利量又出现小幅增加趋势，2014 年该企业公开的专利数量最多，达 13 件；从 2014 年之后该企业的专利公开量又逐步下降，2019 年仅公开 1 件（图 5-7）。

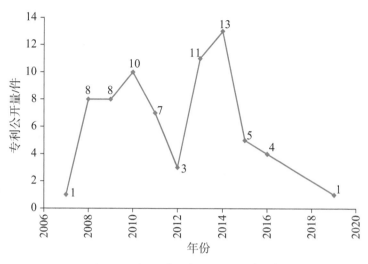

图 5-7　轴研科技专利公开趋势分析

5.3.2　发明人和团队分析

从轴研科技国内发明人合作关系（TOP 5）可知，该公司专利发明量居第 1 位的是 Wang Dong-feng，共公开专利 18 件；居第 2 位的是 Jiang Shao-feng，共公开专利 9 件；另外，Fan Yu-qing、Ge Shi-dong、Li Xian-hui 和 Liu Sheng-chao 等均公开专利 8 件。从时间范围来看，以 Sun Li-ming 为主要发明人的团队起步最早，2007 年就开始有公开专利；Li Xian-hui 和 Zhang Tian 为主要发明人的团队在 2008 年开始公开专利；Jiang Shao-feng 和 Liu Sheng-chao 为主要发明人的团队公开专利时间较晚，在 2013 年开始公开专利。从合作角度来看，该公司发明人之间也存在较多的合作，如 Wang Dong-feng 和 Jiang Shao-feng 存在专利合作，Fan Yu-qing 和 Li Xian-hui 也有较多的合作专利。从研究领域来看，Wang Dong-feng 团队较为关注的领域是 A12-H03（齿轮、轴承表面和类似接头）、A12-H11（滚轮）、A05-F01E2（用于电气和机械工程的聚酰胺）和 A05-J05A（聚亚芳基硫化物），但是该团队近期没有新增的研究领域。Fan Yu-qing 所在团队的研究关注热点除了 A05-F01E2（用于电气和机械工程的聚酰胺）领域外与 Wang Dong-feng 团队一致。Ge Shi-dong 团队还关注了 X11-J05X（其他机械能处理）领域。从近期研究领域来看，这些发明人均没有新增的研究领域。从发明人和团队的研究领域来看，该企业近期关注的领域较少，创新不足（表 5-5）。

表 5-5 轴研科技国内发明人合作关系（TOP 5）

专利量/件	发明人	排名前 3 的合作者（个人）	时间	排名最前的技术主题词	近期技术主题词
18	Wang Dong-feng	Jiang Shao-feng [9] Liu Sheng-chao [8] Zhang Wei [6] Tong Nan [6]	2011—2016 年	A12-H03 [5] A12-H11 [2] A05-F01E2 [2] A05-J05A [2]	—
9	Jiang Shao-feng	Wang Dong-feng [9] Liu Sheng-chao [7] Xu Yang-yang [2] Shang Qi [2]	2013—2014 年	—	近期无记录
8	Fan Yu-qing	Ma Ying [7] Zhou Hai-bo [6] Li Xian-hui [6] Zhang Wei [6] He Ling-hui [6]	2011—2015 年	A12-H03 [3] A12-H11 [2] A05-J05A [2]	—
8	Ge Shi-dong	Sun Bei-qi [5] Cheng Jun-jing [4] Jiang Wei [3] Yu Xiao-kai [3] Qu Chi-fei [3] Liang Bo [3]	2009—2016 年	X11-J05X [2]	—
8	Li Xian-hui	Fan Yu-qing [6] Ma Ying [6] Zhang Wei [6]	2008—2012 年	A12-H03 [3] M22-H03C [2] A12-H11 [2] A05-J05A [2]	近期无记录
8	Liu Sheng-chao	Wang Dong-feng [8] Jiang Shao-feng [7] Xu Yang-yang [2] Shang Qi [2]	2013—2016 年	—	—
7	Ma Ying	Fan Yu-qing [7] He Ling-hui [6] Zhang Wei [6] Zhou Hai-bo [6] Li Xian-hui [6]	2011—2013 年	A12-H03 [3] A12-H11 [2] A05-J05A [2]	近期无记录

（续表）

专利量/件	发明人	排名前3的合作者（个人）	时间	排名最前的技术主题词	近期技术主题词
7	Sun Li-ming	Yang Meng-xiang [4] Wang Yong-ping [2] Cai Su-ran [2] Ceng Xian-zhi [2] Chen Yuan [2] Ma Yan-bo [2] Zhao Sheng-qing [2]	2007—2015 年	—	—
7	Zhang Tian	Meng Shu-guang [5] Zhao Guang-yan [4] Wang Yu-guo [4]	2008—2010 年	M21–A02 [3]	近期无记录
7	Zhang Wei	Ma Ying [6] Fan Yu-qing [6] Li Xian-hui [6] Wang Dong-feng [6]	2011—2014 年	A12–H03 [3] A12–H11 [2] A05–J05A [2]	近期无记录
6	Cheng Jun-jing	Ge Shi-dong [4] Sun Bei-qi [3] Fang Qian-jie [2] Meng Qing-wei [2] Zhao Bin-hai [2] Yu Xiao-kai [2] Qu Chi-fei [2] Yang Jin-fu [2]	2009—2014 年	X11–J05X [2]	近期无记录
6	He Ling-hui	Ma Ying [6] Fan Yu-qing [6] Zhou Hai-bo [6]	2011—2013 年	A12–H03 [3] A12–H11 [2] A05–J05A [2]	近期无记录
6	Tong Nan	Wang Dong-feng [6] Ma Ying [5] Fan Yu-qing [5] He Ling-hui [5] Zhou Hai-bo [5] Zhang Wei [5] Li Xian-hui [5]	2011—2014 年	A12–H03 [4] A12–H11 [2] A05–J05A [2]	近期无记录
6	Zhou Hai-bo	Ma Ying [6] Fan Yu-qing [6] He Ling-hui [6]	2011—2013 年	A12–H03 [3] A12–H11 [2] A05–J05A [2]	近期无记录

5.3.3 关键技术分析

从图5-8轴研科技关键技术领域布局可知，该公司主要的技术研发集中在A12-H03（齿轮、轴承表面和类似接头）领域，共公开专利11件；居第2位的是Q62-G08（汽车轴承）领域，共公开专利6件；居第3位的是X11-J05X（其他机械能处理）领域，共公开专利5件；另外，A05-F01E2（用于电气和机械工程的聚酰胺）、M21-A02（冶金轧机配件）和Q62-G02A（球轴承）等领域均公开专利3件。

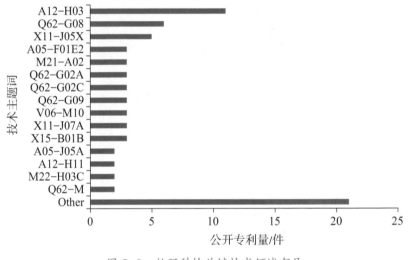

图5-8 轴研科技关键技术领域布局

5.3.4 技术领域年度分析

从专利技术领域年度分布可知，2008—2019年，该公司一直都较为关注A12-H03（齿轮、轴承表面和类似接头）领域。其余，如X11-J05X（其他机械能处理）领域和Q62-G02C（滚子轴承）领域也有较多年份的关注。2008年，该企业就开始关注A12-H03（齿轮、轴承表面和类似接头）领域，公开专利1件，在X11-J05X（其他机械能处理）V06-M10（机械能处理装置）及X11-J07A（支撑电刷或轴承）领域各公开专利2件。2009年，该企业依然关注了X11-J05X（其他机械能处理）领域，公开专利1件，其他新增了M21-A02（冶金轧机配件）领域，公开专利2件。2010年，该企业在A12-H03（齿轮、轴承表面和类似接头）领域公开专利3件，在A05-F01E2

（用于电气和机械工程的聚酰胺）和 M21-A02（冶金轧机配件）领域各公开专利 1 件。2011 年，该企业在 A12-H03（齿轮、轴承表面和类似接头）领域公开专利量上涨至 3 件，在 X11-J05X（其他机械能处理）、A05-F01E2（用于电气和机械工程的聚酰胺）和 X11-J07A（支撑电刷或轴承）领域各公开专利 1 件。2013 年，该企业公开专利量较少，仅在 Q62-G09（轴承的冷却和润滑装置）领域公开专利 1 件。2014 年依然关注了 A12-H03（齿轮、轴承表面和类似接头）、X11-J05X（其他机械能处理）、A05-F01E2（用于电气和机械工程的聚酰胺）和 V06-M10（机械能处理装置）等领域。2015 年，该企业除了关注 A12-H03（齿轮、轴承表面和类似接头）和 Q62-G09（轴承的冷却和润滑装置）领域外，开始关注 Q62-G08（汽车轴承）领域，公开专利 2 件，在 Q62-G02A（球轴承）领域专利 1 件，Q62-G02C（滚子轴承）领域公开专利 1 件。2016 年该企业的公开专利量最多，在 Q62-G08（汽车轴承）领域专利公开 3 件，在 Q62-G02A（球轴承）领域公开专利 2 件，其余专利数量与领域和 2015 年专利数量与领域一致。2019 年该企业的专利公开量又下降，仅在 Q62-G08（汽车轴承）领域和 Q62-G02C（滚子轴承）领域各公开专利 1 件（图 5-9）。

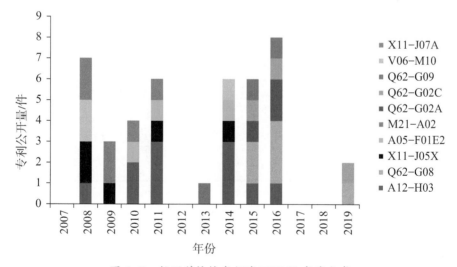

图 5-9　轴研科技技术领域 TOP 10 年度分布

5.3.5 近三年技术发展趋势

通过对轴研科技近三年（2018—2020年）专利技术领域发展趋势分析可知，该企业近三年（2018—2020年）首次关注的领域较少，仅有 P61–A01（研磨和锐化）一个领域，但是该企业近三年不再关注的领域较多，共有58个领域，包括 A12–H03（齿轮、轴承表面和类似接头）、X11–J05X（其他机械能处理）、Q62–G09（轴承的冷却和润滑装置）、A05–F01E2（用于电气和机械工程的聚酰胺）和 M21–A02（冶金轧机配件）等领域。从该企业近三年的技术发展趋势来看，其关注的领域不多，不再关注的领域较多，说明该企业专利研究能力还有待加强，创新能力有待提高，研究方向还需摸索（表5-6）。

表 5-6　近三年轴研科技主要技术领域发展趋势

近三年首次使用的主题词	近三年不再出现的主题词
P61–A01 [1]	A12–H03 [11]
	X11–J05X [5]
	Q62–G09 [3]
	A05–F01E2 [3]
	M21–A02 [3]
	Q62–G02A [3]
	V06–M10 [3]
	X11–J07A [3]
	X15–B01B [3]
	A05–J05A [2]

5.4 中航工业哈尔滨轴承有限公司

5.4.1 专利公开趋势分析

截至 2020 年，中航工业哈尔滨轴承有限公司共公开高端轴承专利 45 件，专利公开量在 2004—2013 年一直处于上升趋势，2013 年公开专利量最多，达 8 件；2013 年之后又出现下降趋势；2015—2020 年该企业的专利公开数量呈现小幅波动趋势，年度公开量都在 7 件以内（图 5-10）。

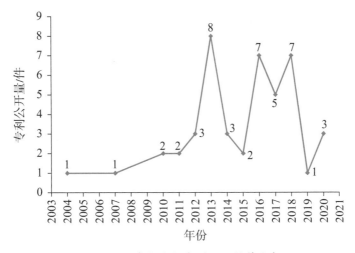

图 5-10 中航哈轴专利公开趋势分析

5.4.2 发明人和团队分析

从中航哈轴国内发明人合作关系（TOP 5）可知，Lai Liang-qing、Mi Zhi-an、Su Zheng-tao 和 Wang Jing-he 均发明专利 4 件，发明专利量较多。从合作角度来看，这几个发明人之间的合作关系较为明显，4 个发明人之间均存在合作，合作关系十分稳定，形成一个稳步发展的合作关系网络。其他发明人之间的合作关系不太明显，如发明人 Wang Tao 仅和 Wu Jun-da、Deng Jin、Xu Zhi-fang 等存在合作关系，Yu Qing-cheng 仅和 Li Yu-liang、Jia Qiu-sheng、Jian Hai-feng 等存在合作关系。从研究领域来看，Lai Liang-qing 的合作团队比较关注的领域为 A12-H03（齿轮、轴承表面和类似接头）、Q62-G04（弹性轴承）、Q25-P02（旋翼机、直升机）、A11-C01C（特定产品间关系）、Q25–C01A1（旋转螺旋桨）、A12–T04D（其他车辆配件模制）、A11–C02D（塑料发泡）等。从时间角度来看，这些发明人公开专利的时间基本在 2011 年、2012 年左右，公开专利的起步时间较晚（表 5–7）。

表 5–7　中航哈轴国内发明人合作关系（TOP 5）

专利量 / 件	发明人	排名前 3 的合作者（个人）	时间	排名最前的技术主题词	近期技术主题词
4	Lai Liang-qing	Mi Zhi-an [4] Su Zheng-tao [4] Wang Jing-he [4]	2011—2016 年	A12–H03 [4] Q62–G04 [3] Q25–P02 [2] A11–C01C [2] Q25–C01A1 [2] A12–T04D [2] A11–C02D [2]	近期无记录
4	Mi Zhi-an	Lai Liang-qing [4] Su Zheng-tao [4] Wang Jing-he [4]	2011—2016 年	A12–H03 [4] Q62–G04 [3] Q25–P02 [2] A11–C01C [2] Q25–C01A1 [2] A12–T04D [2] A11–C02D [2]	近期无记录
4	Su Zheng-tao	Lai Liang-qing [4] Mi Zhi-an [4] Wang Jing-he [4]	2011—2016 年	A12–H03 [4] Q62–G04 [3] Q25–P02 [2] A11–C01C [2] Q25–C01A1 [2] A12–T04D [2] A11–C02D [2]	近期无记录
4	Wang Jing-he	Lai Liang-qing [4] Mi Zhi-an [4] Su Zheng-tao [4]	2011—2016 年	A12–H03 [4] Q62–G04 [3] Q25–P02 [2] A11–C01C [2] Q25–C01A1 [2] A12–T04D [2] A11–C02D [2]	近期无记录

（续表）

专利量/件	发明人	排名前 3 的合作者（个人）	时间	排名最前的技术主题词	近期技术主题词
3	Wang Tao	Wu Jun-da [2] Deng Jin [2] Xu Zhi-fang [2] Hao Gui-zhen [2] Hong Hou-quan [2] Zhang Yao-qing [2] Li Yu-liang [2]	2013—2016 年	—	近期无记录
3	Yu Qing-cheng	Jia Qiu-sheng [2] Jian Hai-feng [2] Yong Tai-fang [2] Li Jian-hui [2] Li Jin-hong [2] Li Tuo-yu [2] Zhang Jing-jing [2] Han Dong-hai [2] Hong Jing-qi [2] Hou Yun-kai [2] Weng Shi-xi [2]	2012—2015 年	—	近期无记录

5.4.3　关键技术分析

从图 5-11 中航哈轴关键技术领域布局可知，中航哈轴公司主要的技术研发集中在 Q62-G08（汽车轴承）领域，共公开专利 14 件；排名居第 2 位的是 Q62-G09（轴承的冷却和润滑装置）领域，公开专利 9 件；排名居第 3 位的是 A12-H03（齿轮、轴承表面和类似接头）领域，公开了 7 件专利。其他，还关注了 Q62-G02（滚动轴承）、Q25-C01A1（旋转螺旋桨）、Q62-G01（滑动接触轴承）、A12-T04D（其他车辆配件模制）、Q25-P02（旋翼机、直升机）、Q62-G02C（滚子轴承）、Q62-G04（弹性轴承）等领域。

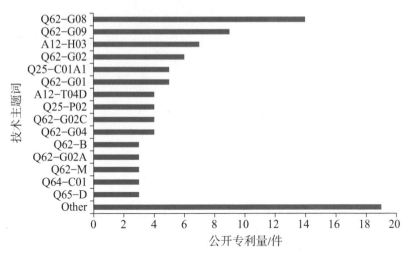

图 5-11　中航哈轴关键技术领域布局

5.4.4　技术领域年度分析

2011 年中航哈轴在 A12-H03（齿轮、轴承表面和类似接头）、Q25-C01A1（旋转螺旋桨）、A12-T04D（其他车辆配件模制）和 Q25-P02（旋翼机、直升机）领域均公开专利 2 件，在 Q62-G04（弹性轴承）领域公开专利 1 件。2013 年该公司的专利公开量和研究领域减少，仅在 Q62-G09（轴承的冷却和润滑装置）领域公开专利 1 件。2015 年该企业依然在 A12-H03（齿轮、轴承表面和类似接头）、Q25-C01A1（旋转螺旋桨）和 A12-T04D（其他车辆配件模制）领域各公开专利 1 件。2016 年该企业的公开专利量上升趋势明显，开始关注 Q62-G08（汽车轴承），公开专利 4 件，另外，在 A12-H03（齿轮、轴承表面和类似接头）、Q62-G01（滑动接触轴承）、Q62-G02C（滚子轴承）和 Q62-G04（弹性轴承）领域均公开专利 2 件。2017 年，该企业又开始关注 Q62-G09（轴承的冷却和润滑装置）领域，并且公开专利 5 件，在 Q62-G02（滚动轴承）领域公开专利 4 件，在 Q62-G02C（滚动轴承）领域公开专利 1 件。2018 年，该企业关注的领域更加广泛，在 9 个领域均有专利公开，均为历年关注的领域，公开专利最多的为 Q62-G08（汽车轴承）领域共公开专利 4 件。2019 年，该企业的专利公开量和研究领域又减少，仅在 Q62-G02（滚动轴承）和 Q62-G01（滑动接触轴承）领域各公开专利 1 件。2020 年，该企业又仅在 3 个领域各公开专利 1 件专利，这 3 个领域分别为 Q62-G08（汽车轴承）、Q62-G09（轴承的冷却和润滑装置）和 Q62-G02（滚动轴承），如图 5-12 所示。

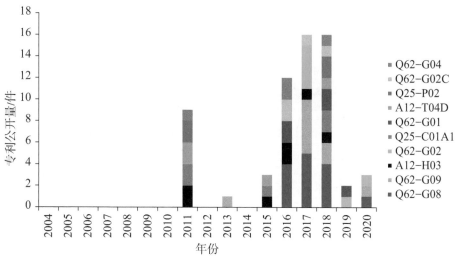

图 5-12 中航哈轴技术领域年度分布

5.4.5 近三年技术发展趋势

该企业近三年（2018—2020 年）关注的技术领域有 Q62-B（刚性轴）、Q62-G02A（球轴承）、Q62-D（枢轴及枢轴连接）等，该企业近三年不再关注的技术领域有 X11-J06A（液体或固体冷却剂）、V06-M09（外壳：支撑）、V06-M13（冷却，通风）等。该企业近三年关注的领域有 19 个，不再关注的领域有 26 个，说明该企业的创新能力较强，能够探索新的领域并创造新成果（表 5-8）。

表 5-8 近三年中航哈轴技术领域发展趋势

近三年首次使用的主题词	近三年不再出现的主题词
Q62-B [3]	X11-J06A [2]
Q62-G02A [3]	V06-M09 [2]
Q62-D [2]	A11-C01C [2]
Q25-C05 [1]	V06-M13 [2]
Q62-C [1]	V06-M10 [2]

（续表）

近三年首次使用的主题词	近三年不再出现的主题词
Q62-G05 [1]	V06-M02B [2]
Q62-G07 [1]	A11-C02D [2]
Q62-G99 [1]	V06-U15 [2]
Q64-C01L [1]	X25-L [2]
A12-T04E [1]	X11-J07X [2]
Q65-B [1]	S02-J03 [1]
Q68-L [1]	A11-B12A [1]
X11-G [1]	X11-J05 [1]
X11-J05B [1]	Q25-A05A [1]
X11-U05 [1]	A11-C02A [1]
Q68-A03 [1]	A11-C02C [1]
A12-H08 [1]	A03-B [1]
Q25-A05 [1]	A05-F02 [1]
Q25-C03 [1]	A11-B05 [1]
	A12-S08B [1]
	A11-B01 [1]
	P56-U03 [1]
	P56-U40 [1]
	P56-X [1]
	Q11-A04 [1]
	S02-J01 [1]

5.5 人本集团有限公司

5.5.1 专利公开趋势分析

截至 2020 年，人本集团共公开了高端轴承专利 23 件。该企业在 2008 年首次公开专利 2 件，但在 2009—2014 年未公开专利，2015 年该企业又公开专利 4 件，2015—2017 年该公司公开专利量下降，2018 年该企业公开的专利最高，达 9 件，到 2019 年该企业公开专利量又下降至 2 件，2020 年公开专利 1 件（图 5–13）。

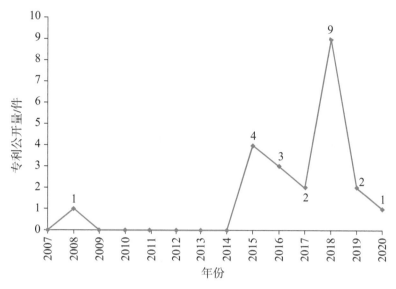

图 5–13　人本集团专利公开趋势分析

5.5.2　发明人和团队分析

从人本集团国内发明人合作关系（TOP 5）可知，人本集团公开专利量最多的发明人为 Guo Chang-jian，共公开专利 10 件；其次为 Jiang Zhi-qiang，共公开专利 3 件；其余发明人均公开了 2 件专利（表 5–9）。从合作角度来看，各发明人之间存在合作关系，但是合作不强，如 Guo Chang-jian 和 Shi Hua-wei 共同合作完成了 2 件专利，Xia Wei-hua 和 Zhou Huai-xi 合作完成了 2 件专利，其余发明人之间没有合作。从研究方向来看，Guo Chang-jian 比较关注的领域为 Q62-G08（汽车轴承）、Q62-G02A（球轴承）、Q62-G02C（滚子轴承）、A12-H03（齿轮、轴承表面和类似接头）和 Q11-A04（轮毂）领域。Gao Zheng-lin 比较关注的领域为 Q62-G08（汽车轴承）、Q11-A04（轮毂）和 Q62-G99（其他轴承）。整体而言，Q62-G08（汽车轴承）是该企业所有发明人都很关注的领域。从时间范围来看，该企业的专利公开起步时间较晚，Guo Chang-jian、Wang Bin 和 Gao Zheng-lin 等都是从 2018 年才开始公布专利的（表 5–9）。

表 5-9　人本集团国内发明人合作关系（TOP 5）

专利量 / 件	个人	排名前 3 的合作者（个人）	时间	排名最前的技术主题词	近期①技术主题词
10	Guo Chang-jian	Shi Hua-wei [2]	2008—2018 年	Q62-G08 [8] Q62-G02A [4] Q62-G02C [3] A12-H03 [3] Q11-A04 [3]	—
3	Jiang Zhi-qiang	—	2015—2019 年	Q62-G08 [2]	—
2	Guo Chang-jian	—	2018—2018 年	Q62-G08 [2]	没有 3 年前的数据记录
2	Gao Zheng-lin	—	2018—2018 年	Q62-G08 [2] Q11-A04 [2] Q62-G99 [2]	没有 3 年前的数据记录
2	Hu Lin-lin	—	2015—2016 年	—	无最新记录
2	Shi Hua-wei	Guo Chang-jian [2]	2016—2018 年	Q62-G08 [2] Q62-G02A [2]	—
2	Wang Bin	—	2018—2018 年	Q62-G08 [2]	没有 3 年前的数据记录
2	Xia Wei-hua	Zhou Huai-xi [2]	2015—2015 年	—	无最新记录
2	Zhou Huai-xi	Xia Wei-hua [2]	2015—2015 年	—	无最新记录

5.5.3　关键技术分析

从图 5-14 人本集团关键技术领域布局可知，该企业最关注的领域为 Q62-G08（汽车轴承）领域，共公开专利 16 件，其次为 Q62-G02C（滚子轴承）领域，公开专利 6 件，在 A12-H03（齿轮、轴承表面和类似接头）领

---

① 　近期指近三年，即 2018—2020 年。

域和Q11-A04（轮毂）领域各公开专利5件，在Q62-G02（滚动轴承）和Q62-G02A（球轴承）领域各公开专利4件。另外，在Q62-G05（组合轴承）领域公开专利3件，在A11-C01C（特定产品间关系）、A12-H08（密封）、M21-A02（冶金轧机配件）、Q62-G09（轴承的冷却和润滑装置）和Q62-G99（其他轴承）领域则各公开专利2件。

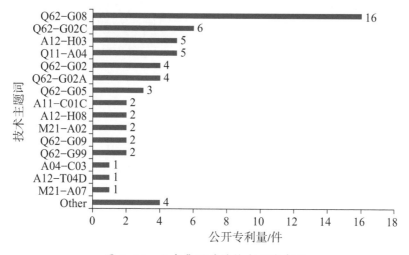

图5-14　人本集团关键技术领域布局

5.5.4　技术领域年度分析

通过对人本集团技术领域年度分布分析可知，该企业在2008年首先在A12-H03（齿轮、轴承表面和类似接头）领域公开专利1件，2015年在Q11-A04领域公开专利1件，2016年该企业的研究领域增加至5个，分别在Q62-G05（组合轴承）、Q11-A04（轮毂）、Q62-G02C（滚子轴承）领域各公开专利1件，在Q62-G02A（球轴承）领域公开专利2件、Q62-G08（汽车轴承）领域公开专利3件。2017年，专利公开量减少，在Q62-G08（汽车轴承）、Q62-G02C（滚子轴承）和Q62-G02（滚动轴承）领域分别公开专利1件。2018年该企业专利公开数量和研究领域激增，研究领域增至10个，发展最蓬勃的为Q62-G08（汽车轴承），公开专利9件；其次为M21-A02（冶金轧机配件）、A11-C01C（特定产品间关系）、Q62-G05（组合轴承）、Q11-A04（轮毂）、A12-H03（齿轮、轴承表面和类似接头）和Q62-G02C

（滚子轴承）领域，各公开专利 2 件，该企业还研究了 A12-H08（密封）和
Q62-G02（滚动轴承）领域均公开专利 1 件。2019 年，该企业研究的领域有
5 个，但是专利数量不多，A12-H08（密封）领域、Q62-G02（滚动轴承）
领域、A12-H03（轴承表面的高分子材料应用）领域、Q62-G02C（滚子轴
承）领域各公开专利 1 件，Q62-G08（汽车轴承）领域公开专利 2 件。2020
年该企业关注的领域又减少，仅在 Q62-G02（滚动轴承）和 Q62-G08（汽
车轴承）领域分别公开专利 1 件。从该企业的技术领域年度分布可以看出该
企业较为关注的领域为 Q62-G08（汽车轴承）、Q62-G02C（滚子轴承）和
Q62-G02（滚动轴承）等（图 5-15）。

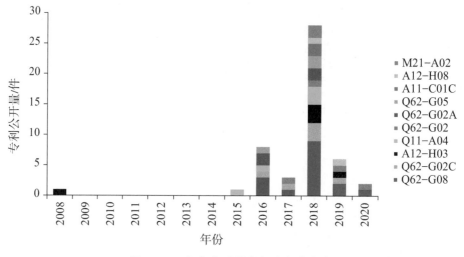

图 5-15　人本集团技术领域年度分布

5.5.5　近三年技术发展趋势

人本集团近三年（2018—2020 年）首次关注了 11 个领域，分别为 A11-
C01C（特定产品间关系）、A12-H08（密封）、M21-A02（冶金轧机配件）、
Q62-G99（其他轴承）、A04-C03（含丙烯腈和丁二烯的苯乙烯）、A12-
T04D（其他车辆配件模制）、M21-A07（控制机制和流程）、Q56-G（泵部
件）、Q62-B（刚性轴）、Q62-G02C1（圆锥滚子轴承）和 S01-J09（其他仪
器详情）领域。近三年不再出现的主题词一栏为空，说明该企业的研究具有
连续性和深入性，对一个领域进行了研究以后不会轻易停止，且近三年首次

使用的主题词远比近三年不再出现的主题词多，也从另一面体现了该企业的科研能力强，具有一定的创新能力（表5-10）。

表5-10 近三年人本集团技术领域发展趋势

近三年首次使用的主题词	近三年不再出现的主题词
A11-C01C [2]	
A12-H08 [2]	
M21-A02 [2]	
Q62-G99 [2]	
A04-C03 [1]	
A12-T04D [1]	
M21-A07 [1]	
Q56-G [1]	
Q62-B [1]	
Q62-G02C1 [1]	
S01-J09 [1]	

第6章 我国高端轴承制造技术发展对策

轴承是国民经济的战略物资，是装备制造业的关键基础件。新中国成立70多年来，特别是改革开放以来，轴承工业持续较快发展，中国已成为轴承产量和销售额居世界第3位的轴承生产大国。但是，由于发展方式、产业结构、自主创新和品牌建设等方面存在的矛盾和问题，中国轴承工业大而不强，与世界轴承强国还有很大的差距，尤其在高端轴承方面差距显得更为突出。"十四五"时期是中国轴承工业发展的关键时期。中国轴承企业必须发奋图强，以等不起的紧迫感、慢不得的危机感、坐不住的责任感，加快建设轴承强国的步伐，为中国国民经济平稳较快发展，为做强做大中国装备制造业做出重大贡献。

6.1 总体思路

高端轴承是指具有高性能、高可靠性、高技术含量，能够满足高端设备或武器装备等极端工况与特殊环境要求，对国民经济和国家安全具有战略意义的轴承，包括高端组合轴承、轴承单元等，以及利用轴承生产锤炼出来的精密加工技术而拓展延伸出来的高端轴承组合件等。高端轴承发展的总体思路是突破高端轴承的制造技术，同时延伸高端轴承组合件。

6.2 发展目标

从应用领域来说，我国高端轴承的发展目标是满足航空、航天、高铁、精密机床、高档汽车和极端工况（高温、低温、高腐蚀、高载、高速等）的应用需求；从轴承质量性能来说，我国高端轴承的发展目标是达到或超越SKF、Schaeffler、NSK、TIMKEN、NTN、NMB 等世界著名品牌在高端领域应用的性能水平。

在今后的 5～10 年我国高端轴承制造技术发展目标如下。

- 经济规模：有 2～3 家龙头企业销售额进入世界前十。
- 产业结构：产业集中度显著提高。培育若干个年销售额超 100 亿元的大型企业集团，其 80% 品种的产品在细分市场进入前十。培育一批在细分市场中进入行业前列的"专、精、特、新"企业，其产品进入细分市场前十。发展若干个产业积聚区，使其成为有国际影响力的、年销售额超 200 亿元的轴承产业集群。龙头企业的现代制造服务业收入占主营业务收入的比达 25% 以上。
- 自主创新能力：形成完备的自主创新体系，发挥行业技术创新骨干和引领作用。依托排头兵企业建成若干家国家重点实验室、国家工程技术研究中心或国家工程研究中心。组成若干个产学研用联合的技术创新联盟，轴承基础理论研究取得突破，形成正向设计能力。一批核心共性技术的研究和应用取得重大成果。轴承标准体系达到国际领先水平，在国际标准化组织取得话语权。有 5%～10% 的有关轴承的国际标准为中国主持或参与制修订。取得一批核心技术自主知识产权。
- 品牌效应：有 2～3 家优势企业的轴承品牌成为世界品牌，与世界八大轴承公司具有同样的知名度和美誉度。
- 产品水平：产品设计和制造技术，产品实物质量包括精度、性能、寿命和可靠性，特别是可靠性和一致性要达到国际先进水平。重大装备配套轴承的自主化率达 80% 以上。

6.3　重点发展产品

通过对高端轴承国内外专利的相关分析结合现有状况来说，目前高端轴承重点发展的产品包括航空发动机轴承，高速轨道交通设备轴承，大型、精密、高速数控设备及功能部件轴承，汽车轴承，工业机器人专用轴承，大型清洁高效发电设备轴承，高速高精度冶金轧机轴承，大型施工机械轴承，大型石化设备轴承，大型船舶、海洋工程设备轴承，大型环保及资源综合利用设备轴承，新型纺织机械轴承，电子、生物、医药等高技术装备轴承和国防军工装备轴承等。

（1）航空发动机轴承

缺少用于航空发动机配套的高可靠性、高精密度的顶级轴承已成为中国在航空发动机研发中的短板。航空发动机的关键的指标之一就是高可靠性。轴承的精度、性能、寿命和可靠性对主机（如航空发动机）的精度、性能和可靠性起着决定性的作用，目前，中国正在全力研发航空发动机所需的关键部件之一的轴承，这是我国航空发动机研发壮大的必经之路。

（2）高速轨道交通设备轴承

铁路轴承的需求主要来自铁路设备的升级换代及铁路里程数的增加。列车要求能在非常严格的工作条件下运行。特别是在径向、轴向，而且有时在旋转方向上也产生大的加速度的运转条件下，要求铁路轴承必须延长维修周期，且必须以最大限度的可靠性保持其功能。高速轨道交通设备轴承是国家的重点发展方向包括时速 200～350 公里高速铁路客车轴承、新型提速重载铁路货车轴承、大功率交流传动电力／内燃机车轴承、新型城市轨道交通轴承和机车绝缘轴承等。

（3）大型、精密、高速数控设备及功能部件轴承

高速切削技术是机械制造业的重要技术进步之一，高速主轴是实现高速切削的重要条件，而轴承是主轴单元的核心部件，其性能好坏将直接影响主轴单元的工作质量。由于速度的提高，轴承的温升、振动和噪声等也将随之增大，而寿命将可能缩短。因此，提高主轴转速的前提是研制开发出性能优越的高速主轴轴承。高速度、高精度数控机床轴承及电主轴是机械基础零部件产业中国家的重点发展方向。主要包括高、中档数控机床和加工中心轴承，列入国家重大科技专项"高档数控机床及基础制造装备"的落地铣镗床主轴轴承，龙门铣镗床铣头 C 轴轴承，重型卧式车床主轴箱轴承及高速、高刚度、大功率电主轴等。

（4）汽车轴承

包括使用寿命 25 万公里以上轿车轴承、使用寿命 50 万公里以上载重货车轴承、汽车涡轮增压器轴承、第三代和第四代汽车轮毂轴承等。

（5）工业机器人专用轴承

两化融合是中国制造 2025 的重要内容之一，工业机器人是两化融合的重要装备。工业机器人轴承作为工业机器人的关键配套元件，对机器人的运转平稳性、重复定位精度、回转精确度及工作的可靠性等关键性能指标具有重要影响。故应把工业机器人专用轴承作为重点发展的产品之一，包括等截面薄壁轴承、薄壁交叉圆柱滚子轴承、RV 减速机轴承及谐波减速器用柔性轴承等。

（6）大型清洁高效发电设备轴承

轴承属于核电、风电设备的核心零部件。重点发展的包括 2 兆瓦（MW）以上风力发电机组偏航轴承、变桨轴承、主轴轴承、增速器轴承和发电机轴承，百万千瓦核电站核反应堆耐腐蚀轴承、核电机组大型压缩机泵用轴承、辅机轴承、应急柴油机轴承、大型水电站起闸机轴承、大型抽水蓄能机组轴承等。

（7）高速、高精度冶金轧机轴承

高速、高精度冶金轧机轴承包括大型薄板冷热连轧成套设备及镀涂层加工成套设备轴承，森吉米尔轧机轴承，连铸生产线扇形段轴承 1450、1500、1580、1600、1700、1750、1870、1900、2300、4300 等规格冷热连轧和涂镀层生产线轴承，大型板坯连铸机轴承，彩色涂层钢板生产设备轴承、大型高炉风机轴承及有色金属高精度轧机轴承，有色金属大断面及复杂截面挤压机轴承等。

（8）大型施工机械轴承

大型施工机械轴承包括大断面土压平衡、泥水平衡和硬岩盾构机主轴承，大型挖掘机轴承，大型压路机轴承，大型工程车辆轴承，道路再生机轴承，大型履带吊轴承，全路面起重机轴承，架桥机轴承，沥青混凝土搅拌和再生成套设备轴承等。

（9）大型石化设备轴承

大型石化设备轴承包括深井、超深井石油钻机轴承，百万吨级大型乙烯成套设备和对二甲苯（PX）、对苯二甲酸（PTA）、聚酯成套设备轴承，大型离心压缩机组轴承，大型容积式压缩机组轴承，关键泵和低温泵轴承，大型乙烯造粒机轴承，大型空分设备轴承等。

（10）大型船舶、海洋工程设备轴承

大型船舶、海洋工程设备轴承包括港口机械和大型船舶用特大型回转支承，大型船用柴油机轴承，大型斗轮堆取料机、翻车机、装卸船机等港口机械轴承，第四代和第五代半潜式钻井平台钻机及深海钻井平台钻机装用的重负荷、耐腐蚀、长寿命、高可靠性轴承，完全能够满足井深 9000 m 以上陆

地和海洋油气钻井工况的超深井石油钻机配套轴承等。

（11）大型环保及资源综合利用设备轴承

大型环保及资源综合利用设备轴承包括大气治理、城市及工业污水处理、固体废弃物处理等大型环保设备轴承，海水淡化、报废汽车处理等资源综合利用设备轴承，脱硫增压风机轴承，电厂脱硫装置大型循环渣浆泵轴承等。

（12）新型纺织机械轴承

新型纺织机械轴承包括日产 200 吨以上涤纶短纤维成套设备轴承、高速粘胶长丝连续纺丝机轴承、高效现代化成套棉纺设备轴承、机电一体化剑杆织机和喷气织机等新型成套关键设备轴承，粗细联、细络联、高速织造设备轴承，非织造设备轴承，专用织造成套设备轴承，高效、连续、短流程染整设备轴承等。

（13）电子、生物、医药等高技术装备轴承

电子、生物、医药等高技术装备轴承包括新一代医疗器械 CT 机、核医学、γ 刀等使用的主轴轴承，医疗加速器使用耐辐射材料的轴承、牙钻轴承。

（14）国防军工装备轴承

国防军工装备轴承包括新型战机、战车和舰船轴承等。

6.4 重点发展技术

6.4.1 原材料技术

轴承原材料技术包括现有原材料质量提升技术、新材料开发技术和新材料应用技术 3 个方面。现有高碳铬轴承钢与轴承寿命关联度较大的原材料质量主要包括非金属夹杂物颗粒的大小和含量、C 化物分布均匀性，以及氮、钛等有害物质含量等。国外高端轴承用原材料除在上述质量严格控制外，还采用某些微量元素添加等技术，以提高轴承的耐磨性和抗疲劳性。

在材料质量提升方面应与特钢行业配合，推动轴承钢标准向国际标准靠拢，使轴承钢整体技术质量水平接近发达国家水平，并形成普通、优质和高级优质 3 个不同质量等级的标准组成的高碳铬轴承钢系列标准，以适应汽车、铁路、冶金、风电、航空航天及其他重大装备配套轴承不同层次轴承产品的需求。

新材料开发技术包括正在开展的 M50 钢、X30 钢等特种钢性能和质量的提升，使其达到国际先进水平，同时包括耐特高温、特种环境的合金轴承材料的开发，以适应 5 代战机等特殊高端轴承的研制需求。新材料应用技术主要包括在强冲击、高腐蚀、高低温、高低温交变、高速、长寿命、高可靠性等领域轴承新材料的应用技术，包括新材料的热处理技术、机加工技术和表面处理技术等。

6.4.2 制造加工技术

轴承属于精密机械产品，工艺是突破口，工艺历来是轴承制造中的关键所在。

（1）热处理及表面处理

一般高端轴承制造离不开高端热处理技术，包括轴承零件表面处理技术等。虽然较多种表面处理不属于热处理范畴，但两者的目的均为提高轴承抗磨性能，故表面处理技术也是目前高端轴承制造较为热门的技术之一。

热处理重点发展技术包括以下几种。

① 贝氏体淬火技术是近年发展起来的一种新型热处理技术，在国外技术已较为成熟，但国内真正掌握这一技术的企业不多。

② 进一步推广应用碳氮共渗技术。

③ 金属表面自修复技术（高端轴承延寿技术之一）。

④ 数字化智能热处理技术，包括过程和结果精确可控的热处理工艺和检测技术。

⑤ 还应以耗能最多的退火、淬回火、渗碳等工序为重点，采取优化工艺、利用余热、智能控制和减少设备热损失等技术措施，大幅降低能耗。

（2）锻造

采用控温电加热或控温天然气加热，淘汰煤加热。退火推广应用余热利用节能型保护气氛退火生产线。

推广应用高速镦锻、冷辗扩、钢管冷冲切等先进成形工艺；推广应用整径、套锻、辗扩成形等适用先进的成形技术。并对先进成形技术和适用先进成形技术优化组合，发挥最大效益，达到大幅提高轴承钢材料利用率的目标。

（3）切削加工

车床加工采用数控化。中型、大型轴承普遍采用经济型轴承专用数控车床。

特大型轴承采用经过数控化改造的立式车床。中型轴承套圈磨超加工采用数控磨超机床自动生产线。大型轴承套圈磨加工采用单机自动的数控磨床，终加工实现超精化。

大力开发磨削 – 超精研自动化生产线，应用 CBN 砂轮磨削、自适应磨削、在线测量和故障自动诊断等新技术，并配以轴承自动装配生产线，确保生产率，稳定产品质量。

圆锥、圆柱滚子轴承套圈滚道磨削、超精由直线型向双曲线 / 对数曲线凸度方向发展。

大批量生产的标准轴承，推广组织自动化生产线、自动化车间甚至自动化工厂进行生产。

滚子磨超加工采用自动生产线，突破高精密凸度滚子的加工技术。

实体保持架采用数控镗铣床和加工中心加工。

（4）检测与试验

轴承检测仪器向网络化、智能化、虚拟化和纳米化方向发展；推广应用高精度的纳米圆度测量仪、工业 CT 无损检测技术和激光检测技术。开展工况模拟试验技术研究和模拟试验设备研发，为高端轴承的研发提供反复验证、迭代改进的技术支撑。

（5）轴承产品和轴承工艺装备再制造

发展轴承产品和轴承工艺装备再制造。运用现有轴承大修理的管理和技术成果，发展冶金轴承、石油机械轴承等大型轴承的再制造。鼓励轴承制造企业和轴承工艺装备制造企业相联合，用信息技术改造传统设备。

6.4.3 润滑技术

润滑作为滚动轴承的第五大零部件正越来越被人们重视，目前高端轴承润滑剂包括高端润滑油、润滑脂、固体润滑剂，这些高端润滑剂几乎被国外垄断，国内外润滑剂性能的差距很大，尤其是耐高温、抗极压性能等，部分高端自润滑材料国外已对我国实行技术封锁，故润滑技术也是高端轴承制造急需突破的关键技术之一。

建议采取以下几个措施。

① 轴承润滑剂生产企业加强与中国石化、中科院兰州化物所等润滑科研机构的合作与交流，尤其是润滑剂的添加剂和自润滑材料等方面，实现高端润滑剂的突破，同时推动润滑油、润滑脂专业生产企业不断提高轴承润滑油、润滑脂的质量水平，尤其是润滑油、润滑脂纯净度，用于特殊环境的润滑油、润滑脂的要求等。

② 加强与全国石油产品和润滑剂标准化技术委员会、石油燃料和润滑剂技术委员会（SAC/TC280/SC1）专业委员会的联系与交流，推动轴承润滑脂技术标准向国际标准靠拢，普及、推广轴承润滑脂的实验检验技术。

③ 推动润滑剂行业延伸服务领域，增加服务内容，如提供润滑剂检测分析服务、全面润滑管理服务、润滑技术培训服务、润滑监测服务、通过服务提升轴承应用水平。

④ 鼓励开展研究润滑与轴承寿命的关系，普及、推广应用弹性流体动压润滑技术及方法，实现资源节约，节能降耗。

6.5　结语

"十四五"时期，我国将进入新发展阶段，包括轴承行业在内的我国制造业面临国际上发达国家和新兴国家的"双向挤压"；新一轮科技革命和产业变革孕育兴起，发达国家力图抢占制高点；国内经济"三期叠加"；资源、环境、劳动力成本等要素约束压力日益加大。在新的发展时期，中国轴承企业必须化挑战为机遇，变压力为动力，主动适应新常态，加快创新升级。鼓励大型企业做强做大，支持中小企业走"专、精、特、新"发展道路。加强重点实验室、技术创新平台建设，着力于基础理论关键技术的研究，实现高端突破。

积极推进两化融合创新，鼓励企业由生产型制造向服务型制造转变、由规模速度型向质量效率型转变、由大规模制造向大规模定制制造转变、由趋同化制造向个性化改造升级转变、由碎片化生产性服务向社会化转变，不断提升生产管理水平。

同时，轴承企业要加强品牌建设，引进与培养高层次人才，认真执行创新驱动战略方针，进行供给侧结构性改革，在我国工业和制造业实现由大到强的战略转变中，推动行业的持续健康发展。

参考文献

[1] PORTER A, CUNNINGHAM S W. 技术挖掘与专利分析 [M]. 陈燕 , 译 . 北京：清华大学出版社 .2012.

[2] 杨铁军 . 产业专利分析报告：关键基础零部件 [M]. 北京：知识产权出版社 ,2015.

[3] 中国轴承工业协会 . 中国战略性新兴产业研究与发展•轴承 [M]. 北京：机械工业出版社 ,2012.

[4] 杨铁军 . 专利分析实务手册 [M]. 北京：知识产权出版社 .2012.

[5] 浙江省经济和信息化委员会 .2015 年浙江省高端装备制造业发展重点领域 [J]. 橡塑技术与装备 ,2015（12：）68.

[6] 高端轴承的发展是装备制造国产化的重中之重 [J]. 工具技术 ,2013,12:82.

[7] 杨晓蔚 . 高端轴承制造的关键技术 [J]. 金属加工（冷加工）,2013（16）:16-18.

[8] 张俊江 . 高端轴承装备制造业的发展机遇 [J]. 轴承 ,2011(12):59-63.

[9] 贺湘瑾 . 国产高端轴承加工设备管理浅谈 [J]. 金属加工（冷加工）,2013(16):26-27.

[10] 吕永权 . 我国高端装备制造业发展问题研究 [J]. 经济与社会发展 ,2015(3):1-4,87.

[11] 国内高端轴承铸造行业市场开拓成效显著 [EB/OL]. (2012-11-06)[2020-11-21].http://machine.hc360.com/.

[12] 瓦轴集团 . 瓦轴集团实现高端轴承产品产业升级 [J]. 金属加工：热加工 ,2010（23）:1.

[13] 发展高端轴承潜力巨大 [J]. 轴承工业 ,2007（2）:1.

[14] 张俊江.高速发展的轴承工业为高端轴承装备制造提供了发展机遇 [C]// 中国轴承论坛，2011.

[15] 浙江省经济和信息化委员会.关于印发《浙江省高端装备制造业发展重点领域（2015）》的通知 [Z].2015-01-26.

[16] 浙江省发展和改革委员会.浙江省经济和信息化委员会.关于印发浙江省高端装备制造业发展规划（2014—2020 年）的通知 [Z].2015-02-03.

[17] 国家标准办公室,工业和信息化部办公厅.关于组织开展国家高端装备制造业标准化试点工作的通知 [Z].2015-07-09.

[18] 国务院办公厅.国务院关于加快振兴装备制造业的若干意见 [Z].2006-02-13.

[19] 工业和信息化部.机械基础件、基础制造工艺和基础材料产业"十二五"发展规划 - 列有类别 [Z].2011-11-01.

[20] 全国轴承行业"十三五"发展规划 [A/OL]. (2016-06-08)[2020-11-23]. http://www.cbia.com.cn/index.php/Home/Infoforum/info_detail?code=ATH 1465346410U2LS&page=2.

[21] 全国轴承行业"十四五"发展规划 [A/OL].（2021-06-08）[2021-09-13].http://www.cbia.com.cn/html/Infoforum/info_detail/code=ATH1624859276H83.html.